数智化时代产业智联生态系统创新理论研究丛书

丛书主编
明新国　张先燏

客户价值驱动的
个性化产品设计

何丽娜　明新国　张先燏
著

上海科学技术出版社

内 容 提 要

本书围绕个性化产品设计的关键问题展开讨论,主要包括客户价值驱动的个性化产品设计框架、个性化产品客户价值需求识别与分析、个性化产品客户价值需求预测与转化、个性化产品的模块构建及个性化产品的配置优化。本书的出发点是实际工业需求,在一定程度上解决了制造企业在个性化产品设计过程中长期面临的若干关键问题,对制造企业进行个性化产品设计提供了理论指导和技术基础。

本书兼有理论性和实践性,实践经验和案例避免了内容的枯燥和空洞。本书既可以作为企业和政府管理人员的培训教材、大学本科生与研究生师生的参考教材,也可以作为从事产品设计相关人员的参考用书。

图书在版编目（ＣＩＰ）数据

客户价值驱动的个性化产品设计 / 何丽娜，明新国，张先燏著. -- 上海 ： 上海科学技术出版社，2024.1
　（数智化时代产业智联生态系统创新理论研究丛书 / 明新国，张先燏主编）
　ISBN 978-7-5478-6386-2

　Ⅰ. ①客… Ⅱ. ①何… ②明… ③张… Ⅲ. ①产品设计－研究 Ⅳ. ①TB472

中国国家版本馆CIP数据核字(2023)第205330号

客户价值驱动的个性化产品设计
何丽娜　明新国　张先燏　著

上海世纪出版(集团)有限公司
上海科学技术出版社　出版、发行
(上海市闵行区号景路 159 弄 A 座 9F-10F)
邮政编码 201101　　www.sstp.cn
江阴金马印刷有限公司印刷
开本 710×1000　1/16　印张 14.75
字数：240 千字
2024 年 1 月第 1 版　2024 年 1 月第 1 次印刷
ISBN 978-7-5478-6386-2/TB·18
定价：95.00 元

前言

随着经济全球化及科技的飞速发展,市场竞争异常激烈,产品的生命周期逐渐缩短,客户在产品开发过程中的地位不断变化。企业竞争市场分析难度大幅度增加,仅依靠产品已难以体现企业的竞争优势。同时,客户价值偏好的个性化、多样化及多变化,使得以市场为导向的设计模式显得越发不足,而以客户为导向、客户价值为目标的设计模式成为企业发展的关键。在这种背景下,制造企业需要从以产品为中心的大规模定制转变为以客户为中心的个性化定制,向客户提供个性化产品,但是目前工业界和学术界都缺乏有效的个性化产品设计指导方法与技术。

个性化产品(personalized product)指企业为满足客户对产品的个性化需求,通过采用开放式架构使客户参与产品设计,为其提供由模块实例组合而成能够体现客户需求特征的产品或系统。个性化产品通常采用开放式架构,其模块主要分为三类:系列产品所共享的基本模块、允许客户选择的定制模块、客户参与设计的个性模块。这些模块拥有标准化的机械、电子及信息接口,以便于后续的装配及拆解。这三类模块的划分表明个性化产品是实现部分模块的个性化,而非所有模块的个性化。模块化的开放式架构使得企业以工业化大规模的生产来满足客户的个性化需求,即实现大规模个性化定制。此外,开放式架构允许客户参与产品设计以显化客户的隐性需求、增强客户体验,同时确保产品的可适应性及可变性。

本书针对个性化产品设计现有研究与工业需求的差异分析,结合个性化产品设计的基本特性,提出了一套完整的客户价值驱动的个性化产品设计框架。该总体设计框架分为三个层次:第一层是客户价值驱动的个性化产品设计过程,整个过程客户价值最大化为目标,以客户价值需求的分析为起点,终于以客户价值需求为核心的个性化产品配置优化;第二层是各设计阶段目标实现所需要的相关技术与方法,包括客户价值需求层次结构模型、客户价值需求类别及重要度分析方法、未来客户价值需求预测模型及转化方法、个性化产品模块划分方法及方案优选技术、个性化产品模类别确定技术、个性化产品配置网络构建及配置方案优化技术;第三层是执行相关方法与技术所需要用到的数据或信息,主要有客户价值的层次及维度、客户价值需求的偏好信息及历史信息、技术特性的映射信息、模块的相关信息等。

　　本书兼有理论性和实践性,实践经验和案例避免了内容的枯燥和空洞。本书既可以作为企业和政府管理人员的培训教材、大学本科研究生师生的参考教材,也可以作为从事产品设计相关人员的参考用书。本书是制造企业个性化产品设计转型中生产实践的结晶,也是当前国际前沿理论研究的总结。

　　上海交通大学机械与动力工程学院的明新国教授、张先燨博士及西南交通大学机械工程学院何丽娜副教授参与了全书的编著工作。感谢上海交通大学机械与动力工程学院的孙兆辉、包钰光、廖小强、陈志扬等博士生和硕士生,船舶海洋与建筑工程学院的陈志华博士,设计学院的周彤彤博士等人,他们参与了全书的整理与修订工作。同时,感谢大规模个性化定制系统与技术全国重点实验室陈录城、盛国军、鲁效平等专家对本书的指导与支持。

作者

2024 年 1 月

目录

第1章 个性化产品设计概述

　　随着经济全球化及科技的飞速发展,市场竞争异常激烈,产品的生命周期逐渐缩短,客户在产品开发过程中的地位不断变化。全世界的生产制造商为了提高自身竞争力,纷纷采取各种对策,开始研究和探索新的生产方式及支撑理论以应对当前的市场需求。

　　按照西方国家的文明进程,从第二次世界大战之后,世界真正进入基于大批量生产的工业经济时代。在这一时代,消费者关注的是通过购买者占有产品从而改善自己的生活,尤其是走向生活现代化;企业着重于通过大批量生产以制造出满足消费者需求的产品功能。1980 年以后,产品日益丰富,且供大于求,消费者已不再满足对于单一商品的拥有,而是自我生活方式的创造,开始追求能够表达自己的产品或服务,这促使企业进入基于产品与服务的体验经济时代。企业在品牌塑造基础上,拓展多样化的产品或服务以体现消费者生活方式的差异化。如今,随着互联网技术的发展,消费者逐步摆脱对物质满足的追求,进而关注于个人创意和创造力的展现,使得企业开始进入以知识平台建设为主的知识经济时代。客户参与是知识经济时代的主题,企业通过构建知识平台,使客户参与产品的设计与制作,以实现产品的个性化定制。根据现在的发展趋势,我们预测未来将发展到转移经济时代,即以创造更有意义生活为目标的合作价值网络的建设,通过知识的转移、财富的转移及社会的创新,真正实现社会的和谐与协调[1-2](表 1 - 1)。

表 1-1 经济时代的变迁[1-2]

比较点	工业经济	体验经济	知识经济	转移经济时代
技术进步	大批量生产	系统集成	Cyber 物理系统	
市场状况	供不应求	供过于求	线上线下市场融合	全球化
价值形态	价值点	价值链	价值平台	价值星群
个人的价值追求	拥有产品的自豪	基于产品与服务的不同生活方式体验	参与创新	有意义的生活
企业的价值主张	产品功能	基于产品和服务的品牌	开放创新的平台	分享价值驱动
设计关注点	产品	用户及品牌	企业及其合作者	社会

1.1 背景与挑战

1.1.1 背景

在经济时代变迁历程中,为了应对市场的变化,产品设计模式及生产模式不断演化,并进一步导致互联网思维的产生。

1) 产品设计模式的演变

根据产品设计出发点的不同,产品设计主要经历了以产品为导向→以市场为导向→以客户为导向三种模式的演变,如图 1-1 所示。

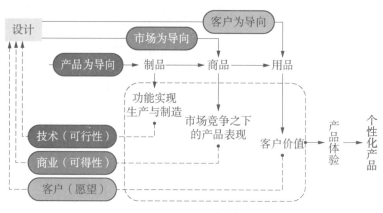

图 1-1 产品设计模式的演变

在以产品为导向的设计模式中,其目标是产品功能、生产及制造技术的可行性,所设计的产品被称为制品。随着技术发展逐步成熟,同类产品层出不穷,为了提高企业的市场竞争力,企业需要以市场为导向提供差异于竞争对手的产品。经济的飞速发展和经济环境的不断变化使得市场竞争日益激烈、经营环境日趋复杂、产品质量和特征日渐趋同,导致企业竞争市场分析难度大幅度增加,仅依靠产品已难以体现企业的竞争优势。同时,客户价值偏好的个性化、多样化及多变化,使得以市场为导向的设计模式显得越发不足,而以客户为导向、客户价值为目标的设计模式成为企业发展的关键。通过客户价值创新提供个性化的产品能有效地提高客户的满意度使得客户忠诚度提升,较高的客户忠诚度能够保证稳定的客户关系,进一步缓解甚至消除市场变动对企业造成的冲击,从而使企业价值最大化。因而,以客户为导向的产品设计模式是知识经济时代企业适应市场变化,提高企业的自身竞争力的基础。

2) 生产模式的演变

在各经济时代市场需求及设计模式演变的推动下,制造系统及产品架构不断变化,促使企业生产模式主要经历了手工生产、大批量生产、大规模定制生产、个性化生产阶段[3],如图 1-2 示。

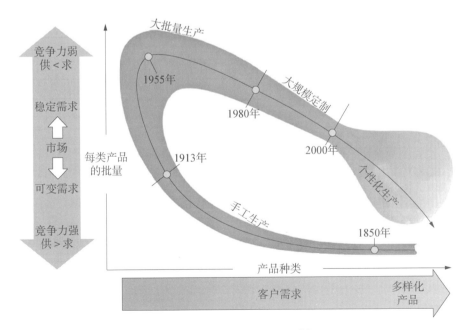

图 1-2　生产模式的演变[3]

19 世纪生产力低下,手工生产是其主要生产模式,按照客户要求进行单件定制生产,生产效率低,成本高。进入 20 世纪,在工业革命的推动下,以高效低成本为特征的大批量生产逐步代替了手工生产,企业面向单一、稳定的市场采用刚性生产线通过批量生产标准产品以降低产品成本、提高产品质量及企业生产效率,进而达到规模经济效益的目的。这种生产模式不关注客户之间的差异,应用单一产品架构,只能为客户提供有限种类的产品。随着市场的不断细分及变化,客户需求的多样化及定制化成为市场的关键特征。企业需要在不牺牲经济效益、产品质量及开发周期的前提下,满足客户的定制化需求。这样的市场环境促使企业从大批量生产转向大规模定制生产,采用柔性制造系统以大规模生产的成本及生产效率为各细分市场客户提供多样化及定制化的产品,达到范围经济效益。随着网络信息技术及制造技术的进一步发展,处于知识经济时代的客户不再满足于从有限的产品种类中对产品性能及功能进行选配,而是追求于个人需求的充分满足,期望参与到产品研发中以获得个性化的体验,这就要求企业为客户提供一对一的个性化产品或服务,实现产品价值差异。在此背景下,个性化生产应运而生。在个性化生产中,企业基于开放式产品架构与客户共同开发产品,应用可重构制造系统为客户提供低成本、高质量、多品种、高价值的个性化产品,在获得规模经济效益及范围经济效益的基础上进一步获得价值经济的效益。表 1-2 对这四种生产模式进行了比较。

表 1-2 生产模式的比较[3]

比较点	手工生产	大批量生产	大规模定制	个性化生产
关注焦点	客户	产品	细分市场	客户
市场需求	可制造的产品	低成本产品	多样化产品	体现客户价值的产品
商业模式	销售-设计-制造	设计-制造-销售	设计-销售-制造	设计-销售-设计(客户)-制造
企业与客户的关系	企业按客户需求制造产品	企业制造产品	企业为客户制造多种产品,以满足其不同生活方式的体验	企业与客户共同设计产品
产品构成		标准化零部件	基本模块 定制模块	基本模块 定制模块 个性模块

（续表）

比较点	手工生产	大批量生产	大规模定制	个性化生产
产品架构		单一产品架构	模块化产品架构	开放产品架构
制造系统	电力驱动的通用制造机床及工具	专用制造机床及移动装配线	柔性制造系统	可重构制造系统

3）互联网思维的兴起

在知识经济时代，飞速发展的互联网技术对企业传统设计方法、生产方式和营销手段不断产生冲击。在这种冲击下，互联网从一种技术逐步演变为一种思维方式。在互联网思维模式下，企业由以厂商为中心的 B2C 经营模式转变为以客户为中心的 C2B 经营模式，不再采用只有最终环节面向客户的封闭链式生产，而是采用客户参与各环节的环式生产，更强调个性化、多样化客户需求及体验的实现，为客户提供的不单是产品，更是一种精神与情怀[4]。图 1-3 表达了传统思维及互联网思维之间的区别。

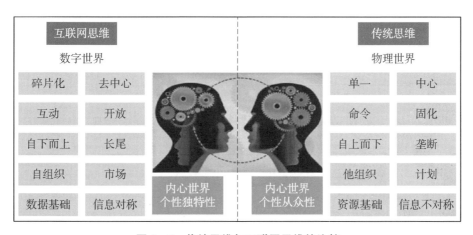

图 1-3　传统思维与互联网思维的比较

立足于知识经济时代，在以客户为导向的设计模式、个性化生产及互联网思维的综合推动下，经济格局逐步由统一稳定的卖方市场向分化变动的买方市场转变，制造企业逐渐从以产品为中心的大规模定制产品设计转变为以客户为中心的个性化产品设计，目的是以工业化大规模的生产来满足客户的个性化需求。

1.1.2　面临的挑战

本书定位于知识经济时代的工业产品设计。在这一时代,世界经济的发展使得制造企业所面临的市场环境发生了巨大的变化,主要表现在以下几个方面。

1) 市场分化严重

在互联网思维下的买方市场中,客户"自我消费"意识的显著提升及客户购买力的差异使得客户对产品的需求越来越多样化、个性化,客户期望企业能够提供与其自身需求相一致的个性产品或服务。这些导致单一稳定的市场被不断分化。

2) 客户追求个性化的产品体验

随着信息技术的发展及客户购买力的提升,客户已不仅仅考虑产品的功能及性能需求,而更多地追求于自身心理、情感的满足程度。在这种背景下,客户从购买者提升到参与者,与企业共同创造产品价值,满足其个性化的产品体验。

3) 产品复杂化

由于市场需求的不断分化与提高,企业需要动态更新及改进产品以应对激烈的市场竞争,从而导致产品的复杂性急剧提高。为此,单个企业难以完成产品的设计过程,需要与伙伴企业建立协同工作关系。

4) 企业竞争加剧

随着市场一体化及全球化趋势的不断加剧,区域经济或垄断经济的壁垒被逐渐打破,同时市场上商业和产品信息更加透明、更加完全,企业将更广泛、更直接地融入世界市场的激烈竞争中。

面对新的市场环境,多数企业已经认识到从"以产品为中心的大规模定制产品设计"向"以客户为中心的个性化产品设计"转变的重要性。以客户为中心的个性化产品设计能够使企业适应知识经济时代的市场变化,通过客户参与产品设计让客户需求直达制造商,实现客户与制造商的直接交互及按需生产,省却了销售等中间环节,有效降低库存及生产成本。例如,青岛红领集团有限公司成功实现了服装的大规模个性化定制,设计与生产成本分别降低了 40%、30%,生产周期与产品储备周期分别缩短了 40%、30%,原材料库存降低则高达 60%[5]。在服装行业整体利润增速为负数时,红领集团在 2014 年的利润增长达 150%[5]。但是由于缺乏系统化理论及技术的指导,企业在实施个性化产品设计中面临着新的挑战(图 1-4)。

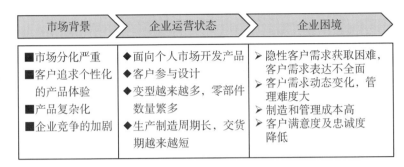

图 1-4　企业个性化产品设计面临的挑战

（1）面向个人市场提供产品,客户需求表达不全面。客户需求是企业一对一地提供个性化产品的依据。随着购买力的提升,客户不仅关注于功能、性能等显性需求的满足,更追求于情感、心理等隐性需求的实现。而隐性客户需求难以挖掘,同时需求的多样性及个性化加剧了客户需求主观表达的不确定性及模糊性,这些给企业全面识别客户需求带来巨大的挑战。

（2）客户参与设计,客户需求动态变化,管理难度大。企业为了向客户提供个性化的产品体验,引导客户参与产品设计,客户对于产品的认识随着参与的深入而不断全面。市场环境及客户对产品认识的动态变化,使得个性化产品的客户需求存在较为显著的动态不确定性。因此,如何响应客户需求的动态变化让所设计的产品能更好地满足客户的期望是对个性化产品设计的新挑战。

（3）变型越来越多,零部件数量繁多,制造和管理成本高。个性化的客户需求会导致产品的变型,客户需求的动态变化引起产品的改进与创新,这两方面的因素使得产品结构及功能的复杂化,导致零部件数量的增加及大量的重复设计,从而降低了设计效率,增加了制造成本及管理的复杂性。

（4）生产制造周期长,交货期越来越短,客户满意度及忠诚度降低。客户期望能在规定的交货期内获得充分满足其个性化需求的产品。而产品的个性化及复杂化增加了产品生产制造的难度,同时传统设计方法对个性化产品的开发效率较低,这些导致企业难以在较短的周期内交付与客户需求相一致的产品,从而降低客户的满意度及忠诚度,削弱企业的竞争力。

1.2　个性化产品设计转型

1.2.1　转型路径分析

通过分析制造企业在个性化产品设计中遇到的挑战,可以发现制造企业的个性产品设计转型是一个长期的系统工程,包括产品的定制生产模式、客户需求的管理、产品设计的驱动方式及产品配置方式等多方面的转变(表1-3)。

表1-3　个性化产品设计转型路径

转变内容	现状	未来
定制生产模式	按单制造	按单设计与制造
客户需求管理方式	基于功能的客户需求管理	客户价值需求管理
产品设计的驱动因素	功能驱动产品设计	客户价值驱动产品设计
产品配置方式	基于零件的产品配置	基于模块的产品配置

(1)由按单制造的定制生产模式转变为按单设计与制造的混合定制生产模式。采用按设计及制造的混合定制生产模式,将客户的参与阶段由按单制造模式下的制造阶段向前延伸到产品设计阶段,允许客户通过参与产品设计来满足自身的个性化需求,能够有效提高产品的定制程度,增强客户的个性化体验。

(2)由基于功能的客户需求管理转变为客户价值需求管理。传统的基于功能的客户需求管理主要聚焦于客户对产品功能及性能的定制需求。一方面,客户对个性化产品认知的不足导致其难以准确地表达对产品功能及性能的期望,相比较而言,客户对于期望自身能够感知到的价值具有较准确的理解;另一方面,客户追求个性化产品对自身情感、心理等隐性体验价值的实现,这两方面的因素要求企业需要从客户价值的角度识别客户需求。

(3)由功能驱动产品设计转变为客户价值驱动产品设计。客户价值是客户购买个性化产品的决策依据。以客户价值需求作为产品设计的起点,并将其作为产品方案评价依据之一,是实施个性化产品设计的关键。

(4)由基于零件的产品配置转变为基于模块的产品配置。个性化产品设计不仅要满足客户的个性化需求,同时要达到具有工业效率的大规模生产,这就要求对个性化产品进行模块化设计。对模块进行适当的分类处理,对不同类别的模块采取不同的管理及制造方式,并基于模块进行产品配置,可有效解决个性化与规模效益之间的矛盾,从而实现大规模个性化定制。

1.2.2　转型需求分析

结合本书的依托项目,通过文献研究及实际调研,可以发现知识经济时代制造企业需要实施客户价值驱动的个性化产品设计以达到成功转型,其中亟须解决的关键问题主要有:

(1) 识别与分析客户价值需求。个性化产品客户价值具有多层次及多维度的特性,同时客户对个性化产品有较多隐性的价值需求,如何实现深层次的客户价值需求挖掘,是摆在个性化产品设计研究者面前最棘手的问题。此外,个性化产品的客户价值需求的表达具有较强的模糊性及主观性,如何在模糊表达环境下,对客户价值需求进行分类及重要度分析,为后续产品设计决策提供依据,是目前有待解决的问题。

(2) 准确预测与转化客户价值需求。由于市场变化速度快及客户参与个性化产品设计,客户价值需求具有显著的动态不确定性,在将客户价值需求向技术特性转化时需要考虑客户价值需求的动态特性。个性化产品客户价值需求的预测及转化主要包括:客户价值需求重要度及频率的预测、客户价值需求未来类别的确定、技术特性优先度及目标水平的确定。而这些活动又是相互影响的,客户价值需求的未来重要度及频率是其未来类别划分的基础依据,客户价值需求的未来重要度及类别决定了技术特性的优先度及水平。因此,在动态不确定环境下,如何准确预测客户价值需求的未来状态,构建未来客户价值需求及技术特性之间的关系,将客户价值需求的动态变化传递给个性化产品设计开发过程中,以使配置开发的产品在交付给客户时能满足甚至超越客户的期望价值,是个性化产品设计需要关注的关键问题。

(3) 创建个性化产品模块。对个性化产品进行模块化设计,能够有效降低设计成本。但是,与传统的产品模块化不同,基于开放式架构的个性化产品的模块划分应确保产品具有较高的定制度、较强的客户参与度及可适应性。此外,个性化产品模块划分环境具有较强的模糊性及主观性。如何全面考虑这些因素的影响,并基于此构建合理的个性化产品模块划分方案是个性化产品模块构建的一个重要问题。最后,针对所构建的模块划分方案,如何确定模块的类别是确定个性化产品模块架构需要解决的关键问题。

(4) 构建及优化个性化产品配置方案。大部分制造商所提供的产品聚焦于产品性能、成本及上市时间,而对客户个体的价值需求及情境特征缺乏深入考虑,难以体现产品的个性化,导致客户感知价值的降低。此外,个性化产品的配置优化过程中存在较多的主观判断及经验信息,具有较强的模糊性和不确定性。在这种不确定环境下,如何抓住客户认知的本质特征构建以产品效用、客户价值需求及其情境特征为基础的个性化产品配置优化模型,从而向客户提供个性化的产品配置方案,是个性化产品配置的难点。

1.2.3 解决方案

针对制造企业个性化产品设计的所面临的挑战和工业需求,结合目前学术界的研究动态及实践进展,本书构建了客户价值驱动的个性化产品设计的解决方案如图 1-5 所示。

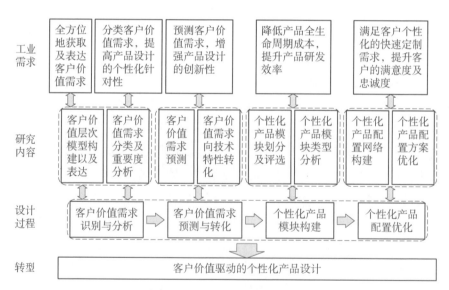

图 1-5 本书提出的解决方案

首先针对制造企业的个性化产品设计转型需求,确定了四个个性化产品设计的子流程:

(1) 客户价值需求的识别与分析:识别客户的价值需求,明确个性化产品设计的方向。

（2）客户价值需求的预测与转化：确定未来客户价值需求的状态及其所对应技术特性的状态，提高个性化产品设计活动的时效性。

（3）个性化产品模块构建：实现个性化产品的模块划分及模块类别分析。

（4）个性化产品配置优化：交付符合客户价值需求的个性化产品配置方案。

在此基础上，结合相关研究动态及工业实践，进一步确定四个设计子流程分别对应的研究内容：

1）客户价值需求的识别与分析

为了全面识别客户价值需求，应针对个性化产品客户价值需求的多层次、多维度、隐蔽性强等特性，构建合理的客户价值层次模型，逐层识别客户在各价值维度下的需求。另外，客户价值需求的类别及重要度对产品技术特性的重要度和目标水平的确定，以及后续相关设计决策的实施具有重要影响。而客户价值需求分析是一个不确定群决策问题，其中的输入信息具有内在模糊性及主观性。因此，需要构建一套能够在不确定信息环境下对客户价值需求进行准确分类，并对其进行重要度排序的方法，从而为后续设计活动提供有效的决策依据。

2）客户价值需求预测与转化

针对客户价值需求的动态不确定及其对技术特性的影响，首先，要构建预测模型对客户价值需求的未来重要度及频率进行准确预测；其次，要基于预测数据分析客户价值需求的未来类别；再次，建立有效的未来客户价值需求映射模型，能够较好地处理客户价值需求动态变化对技术特性的影响，并基于此确定客户价值需求的未来类别及技术特性的目标水平，从而指导设计者及时调整设计策略以提供所交付产品的客户满意度。

3）个性化产品模块构建

针对个性化产品模块化的目标，首先确定个性化产品模块划分的驱动因素。基于驱动因素，为了降低模块划分过程中不确定因素的影响，建立模糊环境下的产品零部件相关性评价准则，从而对零部件进行相关性分析。其次，采用合理的模块划分方法构建个性化产品模块划分方案，并开发优选方法以获得最优模块划分方案。最后，构建模块个性化度评价指标，基于此衡量模块的个性化度并进行模块类别划分，以便于后续个性化产品的配置优化。

4) 个性化产品配置优化

为了有效缓解配置方案的个性化缺失问题,需要构建合理的配置网络来准确表达配置方案对特定情境特征下客户价值需求的满足程度,并基于此确定配置方案的客户满意度。然后,以客户满意度、成本及上市时间等为目标函数,在考虑个性化产品配置不确定性的基础上,建立关于个性化产品配置的模糊多目标优化模型。通过多目标配置优化模型的求解,获得最优的个性化产品配置方案。

第2章 客户价值驱动的个性化产品设计基础理论

在经历了手工生产、大批量生产及大规模定制之后,新兴的个性化生产已成为产品生产模式的发展方向[6]。有学者分析了生产模式由大规模定制向个性化生产转变的驱动因素[7]。围绕个性化生产,学术界进行了一些理论研究,提出了个性化生产的支撑技术,包括客户需求获取技术、非设计师设计方法、物理网络系统、按需制造系统、混合装配系统等[6, 8-9]。其中研究了个性化生产对需求与供应网络的影响,并提出个性化生产的需求及供应网络设计方法[10]。也有学者构建了一个信息及流程集成框架,以实现个性化生产中制造网络的动态配置及路线优化[11]。考虑到个性化生产面临的三个挑战——客户参与产品设计、个性化订单的制造网络规划及制造网络的环境可行性,学术界提出了一个基于网络的平台来实现个性化产品的设计、工艺、制造及交付,该平台主要由用户自适应设计系统、分散制造平台及环境影响评估模块构成[12]。

2.1 客户价值驱动的个性化产品设计理论

2.1.1 个性化产品设计框架

个性化产品设计是实现个性化生产的早期阶段和重要基础,尽管个性化生产带来的竞争优势已经被工业界及学术界认识到,但是目前对个性化产品设计的研究并不多。有人提出个性化产品应该采用开放式结构,并将其模块划分为基本模块、定制模块及个性模块[13]。针对开放式结构产品的设计,应用可适应设计方法构建开放式结构的电动汽车以满足客户的个性化需求及需求的变化也是一个很好的想法[9];为了实现开放式结构产品的模块划分和模块类别分析,要首先应用扩展 QFD 实现客户需求向功能需求的转化并基于客户需求的类别及变异系数确定功能需求的类别及变异系数,然后采用公理设计建立功能需求及概念结构之间的关系并确定零部件的变异系数及类别,最后利用设计结构矩阵进行零件之间的关联度分析并聚类获得模块划分结果,根据零部件的类别确定模块类别[14],整个流程如图 2-1 所示;稳健设计方法是可以应用于此以识别开放式结构可适应产品的最优设计方案[15]。这些关于开放式结构产品的研究为个性化产品设计框架的构建提供了借鉴依据。还有一种设计方式是通过功能效用及制造成本的权衡分析构建个性化产品架构[16],以此确定定制模块、个性模块及其制造方法,架构设计过程包括市场分析、制造过程分析及人体工程或心理实验。有学者构建了面向大规模个性化设计的技术框架[17],该框架涵盖了客户、功能、物流、工艺及物流五个域,同时定性地分析了五个域之间的映射关系。为了实现个性化产品设计中客户情感需求的抽取、分析及满足,还有人关注其他的方面,比如情感设计框架[18],首先应用情景智能技术抽取客户的情感需求,其次应用关联规则挖掘技术构建情感需求及设计元素之间关系,然后基于组合分析量化设计元素的情感满意度并确定其成本系数,最后基于启发式遗传算法获得最优配置方案。目前针对个性化产品设计的研究中,学者所应用及提出的相关设计方法见表 2-1。

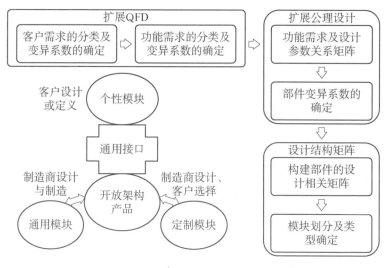

图 2-1　开放式结构产品的模块划分过程[194]

表 2-1　个性化产品的相关设计方法

方法	使用阶段	使用目的
QFD	需求识别与分析阶段	顾客需求转化为产品或服务特征[14, 19]
语义本体	需求表达	用有限的术语描述客户的需求[18]
情景智能技术	需求识别	利用情景模拟技术获得客户对产品的情感需求[18-19]
联合分析	概念生成与评价	对方案中的设计元素进行分析,获得设计元素的表现值[17-18]
设计公理	概念生成	对产品的功能需求及设计参数进行细化,并建立相关关系[14]
设计结构矩阵	概念生成	建立产品设计元素的相关关系矩阵,并进行模块聚类划分[9, 14]
规则挖掘	概念生成	挖掘两个相关域内元素之间的关联关系[17-20]

2.1.2　客户价值需求识别与分析

1) 客户价值需求识别

在以客户为中心的产品设计中,其最终目标是为客户创造价值,客户价值是产品开发项目的驱动因素之一[21]。提供更高的客户价值是所设计产品在同行竞争中脱颖而出的关键因素[22]。因此,准确地识别客户价值需求,从客户价值需求层面上决策产品后续设计活动,对于企业设计个性化产品具有重要的指导意义。

客户价值需求识别的主要目的是分析客户价值的构成要素,并以此构建客户价值模型,基于客户价值模型识别客户的价值需求。目前比较典型的客户价值模型可以分为四类:价值组合模型、收益/成本模型、手段-目的链模型、综合配置模型,主要研究文献如表 2-2 所示。

表 2-2　客户价值模型

模型	研究学者	价值定义与识别
价值组合模型	Kaufman[23]	客户价值要素包括尊重价值、交换价值、效用价值,任何一个购买决策是由以上一个或多个价值要素决定的

(续表)

模型	研究学者	价值定义与识别
价值组合模型	James 和 Salter[24]	基于 Kano 模型,将客户价值划分为基本客户价值、满意客户价值、兴奋客户价值
	Boztepe[25]	效用价值、社会象征价值、情感价值、精神价值
	Park 和 Han[26]	客户价值是生命价值的一个子集,与具体的产品与服务相关联,包括便利、愉悦、成本、友好等
	Miao 等[27]	多维客户价值模型,包括品牌、基础设施、优惠政策、购买成本、使用成本、愉悦、功率、安全、服务、客户特征等
收益/成本模型	Monroe[28]	客户价值＝感知利得/感知利失
	Kotler[29]	客户价值＝收益－成本＝(功能收益＋情感收益)－(金钱成本＋时间成本＋能量成本＋精神成本)
手段-目的链模型	Woodruff[30]	客户价值是客户对产品属性、属性性能、为达到客户目标在某种情境下使用产品所产生的结果的感知偏好与评价。客户价值分为三个层次:目的层、结果层、属性层
综合配置模型	Salem Khalifa[31]	三个互补的价值模型:价值交换模型是一个效益/成本模型,价值增长模型表达效益价值,价值动力模型反映客户对供应商所提供产品的评价

在收益-成本模型中,客户价值被定义为客户通过对基于产品或服务感知到的利益和获取产品或服务所付出成本进行权衡而对产品或服务做出的评价[28-29, 32-35]。其中,客户的利益主要指所购买和使用的产品或服务的有形属性与无形属性,成本包括经济成本及非经济成本,如价格、获得及使用产品或服务所需的时间和精力等。客户价值是一个多维度概念,价值组合模型从多个维度分析客户价值的构成要素[23-27]。如 James 和 Salter[24] 应用 Kano 模型根据客户价值要素与客户满意度之间的关系将客户价值划分为基本客户价值、满意客户价值、兴奋客户价值。通过对全球市场下不同文化背景下客户价值的分析[25],可以提出基于客户价值的产品开发框架,将客户价值分为效用价值、社会象征价值、情感价值、精神价值。针对客户价值的层次特性,有人将客户价值定义为客户在一定的使用情境中对产品属性、产品功效及使用结果达成或阻碍

其目标和意图的感知偏好和评价[30]，并利用手段-目的链理论构建客户价值层次模型，将客户价值分为关系递进的属性层、目的层、结果层，该模型是识别客户价值要素和建立价值层次模型的理论基础。为了展现客户价值的丰富性及复杂性，有人构建了一个集成配置价值模型[31]，该模型包括三个互补的价值子模型：价值交换模型、价值增长模型、价值动态模型。

2）客户价值需求分析

在个性化产品设计中，客户价值需求是企业产品设计的出发点和驱动力，能否真正把握客户价值需求成为企业产品开发成功的关键。客户价值需求分析的主要目的是实现客户价值需求分类及重要度分析，帮助设计者明确客户价值各要素的定制性及重要性，从而有效配置设计资源，将有限的资源优先分配到关键客户价值需求上。客户价值需求分析过程中需要的决策者（客户与专家）的大量评价。由于产品设计信息的不完全性、决策者对信息理解的局限性等，决策过程必然存在模糊性、不确定性和主观性[36-40]。应用精确数难以描述决策者对客户价值需求的评价，而模糊理论的引入能够有效地处理客户价值需求分析过程中决策信息的不确定性[36, 40-43]。因而，基于模糊环境的客户价值需求分析是个性产品设计的关键。

Kano 模型作为需求分析的主要工具之一，根据需求与满意度之间的关系将需求划分基本需求、线性需求及兴奋需求[44]。针对传统 Kano 模型难以处理不确定性信息的问题，模糊理论[45-46]可以被引入 Kano 模型中，构建模糊 Kano 模型(fuzzy Kano's model, FKM)。为了改进 FKM 中的非连续问题，连续模糊 Kano 模型[47](continuous fuzzy Kano's model, C‑FKM)得以出现。除了应用 Kano 模型对需求进行定性分类，基于 Kano 模型进行量化分析并将其应用在需求重要度排序中是 Kano 模型的一个重要研究方向。为了衡量需求对满意度及非满意度的影响程度，可以在 Kano 模型中引入满意度指标及非满意度指标[44]。这两个指标被一些学者加以改进并用来调整需求重要度以实现客户满意度的最大化[48-50]。也可以根据需求的 Kano 类别对其重要度进行调整[51-53]。

与前面研究基于 Kano 模型调整需求重要度不同，对 Kano 评价结果应用量化分析方法计算得到需求的重要度[47, 54-55]也是很重要的方法。

除了 Kano 模型，设计人员使用较多的需求重要度分析工具有 AHP[56-58]、模糊 AHP[41-42, 59-61]、ANP[62-65]、模糊 ANP[39, 66-67]、联合分析[68-69]、群决策

法[70]、模糊群决策法[36, 71-72]等。表 2-3 总结了目前需求分类、重要度分析及模糊信息处理方面的一些典型研究成果。

表 2-3 客户需求分析的相关方法

| 研究学者 | 模型/方法 | 需求/属性分类 | 重要度分析 | | | 模糊处理能力 | 多粒度模糊语言环境 |
			满意度分析	主观性分析	客观性分析		
Li[72]	基于二元语义的配对比较法	×	×	√	×	√	√
Wang 和 Lee[37]	模糊群决策法	×	×	√	√	√	×
Zhang 和 Chu[36]	混合模糊群决策法	×	×	√	√	√	√
Kwong 和 Bai[59]	模糊 AHP	×	×	√	×	√	×
Wang[54]	模糊 Kano	√	×	×	√	√	×
Wu 和 Wang[47]	连续模糊 Kano	√	√	√	√	√	×
Tontini[49], Chaudha 等[73]	集成 Kano 与 QFD	√	√	√	×	×	×
Chen 和 Chuang[51]	集成熵权法与 Kano	√	√	×	√	×	×

2.1.3 客户价值需求预测与转化

1) 客户价值需求预测

Vantrappen[74]指出客户价值具有主观性,不仅不同客户对相同产品或服务的期望价值不同,而且同一客户在不同时刻对相同产品或服务的期望价值也不同。一些研究学者认为客户价值是一个随着时间的推移而不断变化的动态概念[75-76]。这意味着客户价值需求具有动态性,如果在个性化产品开发过程中不考虑客户价值需求的动态性,则可能会导致所开发的产品在引入市场时不被客户接受。因此,如何有效地分析客户价值需求的动态不确定性,预测其未来状态,并为后续个性化产品设计活动提供准确的决策依据,以更好地满足甚至超越客户价值需求提高客户满意度是个性化产品设计的一大挑战。

目前关于需求动态性的研究主要包括需求重要度预测及需求类别预测,表2-4 列出了关于需求预测的典型研究。其中需求重要度预测的方法主要包括模糊趋势分析[77]、灰度理论[78-80]、马尔科夫链模型[81]、隐马尔科夫链模型[82]、广义信度马尔科夫模型[83]、双指数平滑法[84]、组合指数平滑法[85]、组合双指数平滑法[86]、基于变精度粗糙集和最小二乘支持向量机回归理论的集成方法[87]等。除了需求重要度具有动态性,研究学者指出需求类别会随时间变化而发生转移[88-91]。为此,有必要对需求类别进行预测,应用 Kano 模型对需求进行分类[92],基于需求类别的时间序列应用灰度理论和马尔科夫链模型的集成方法预测需求的未来类别。

表 2-4　客户需求预测的相关方法

预测目标	研究学者	采用方法
需求重要度	Shen 等[77]	模糊趋势分析
	Xie 等[84]	双指数平滑法
	Wu 等[78]	灰度理论
	Wu 和 Shieh[81]	马尔科夫链模型
	Shieh 和 Wu[82]	隐马尔科夫链模型
	Raharjo 等[85]	组合指数平滑法
	Raharjo 等[86]	组合双指数平滑法
需求类别	Song 等[92]	集成 Kano-灰色-马尔科夫链模型

2) 客户价值需求转化

在对客户价值需求进行全面分析及预测的基础上,设计人员需要根据专业知识将客户价值需求转化为一系列可测量和设计者可理解的技术特性,并根据客户价值需求的优先度及相关约束条件确定技术特性的目标水平,从而有效地指导产品设计规划活动并保证设计方案的准确性。客观而准确地确定技术特性的最优目标水平是客户价值需求转化的目标,需要综合考虑多种因素对技术特性进行优化配置。国内外学者开发了一系列的方法和工具开展客户需求转化以确定技术特性的最优目标值。现有对客户需求转化的典型研究见表 2-5。

表 2-5 客户需求转化的相关方法

研究学者	模型/方法	动态需求	价值需求/技术特性类别			技术特性分析		目标/约束	
			类别优化	重要度调整	满意度计算	重要度确定	目标值优化	客户满意度	成本
Delice 和 Güngör[112]	模糊 QFD	×	×	×	×	√	√	√	√
Tontini[49]	集成 Kano-QFD	×	×	√	√	√	×	×	×
Ji 等[106]	集成 Kano-QFD	×	×	√	√	√	√	×	√
Ko 和 Chen[96]	模糊 QFD	×	×	×	×	√	√	√	√
Kahraman 等[66]	集成模糊 QFD-模糊 ANP-模糊 AHP	×	×	×	×	√	√	√	√
Geng 等[102]	集成模糊 HOQ-模糊 Kano	×	×	×	√	√	√	√	√
Raharjo 等[86]	AHP-动态 QFD	√	×	×	×	√	√	√	√

Akao 在 1966 年开发了 QFD[93]，随后 QFD 被广泛应用在客户驱动的产品或服务设计中[65, 94-96]，该方法主要通过客户需求向技术特性的转化来确定技术特性的优先度及目标值。众多研究学者根据实际设计问题的约束条件应用数学规划方法构建 QFD 优化模型以确定技术特性的最优目标水平，从而达到客户满意度最大化。常用的数学规划模型包括线性规划模型[97-100]、非线性规划模型[101-102]、整数规划模型[103]、混合整数线性模型[104-105]、混合整数非线性规划模型[106-107]。比如，首先应用 QFD 将客户需求转化为技术特性[102]，基于模糊配对比较及数据包络分析确定技术特性的优先度，再应用 Kano 模型对技术特性进行分类并根据 Kano 类别确定技术特性满足水平与客户满意度之间的关系，最后基于成本约束以客户满意度最大为目标构建非线性规划模型以求得技术特性的最优目标值。另外，在 QFD 的构建过程中，决策者通常应用语言变量来表达主观偏好与判断，这导致 QFD 中包含大量的模糊信息。研究学者应用模糊理论处理 QFD 中的模糊信息并构建了多种模糊数学规划模型，主要包括模糊线性规划模型[96, 108-109]、模糊非线性规划模型[110-111]、模糊混合整数线性

规划模型[66]、模糊混合整数非线性规划模型[112]、模糊机会约束规划模型[95]等。比如,应用模糊数表达质量功能展开过程中需求的重要度、需求与技术特性之间的关系,建立了模糊线性规划模型来确定技术特性的最优目标水平以达到成本约束下的客户满意度最大化[96]。

在 QFD 优化模型中,客户满意度是需要考虑的关键因素之一。但是 QFD 难以识别客户需求与客户满意度之间的关系,现有研究多数假设客户需求或技术特性的满足水平与客户满意度之间呈线性关系,这与 Kano 模型的定义相矛盾。为此,将 Kano 模型集成到 QFD 优化模型中以有效地分析客户需求与客户满意度之间的关系是重要的方法[97, 102, 106]。

此外,由于客户价值需求与技术特性之间存在相关关系,客户价值需求的动态变化会影响技术特性目标值的规划,因而在客户价值需求转化过程中需要考虑其动态特性。基于此,引入预测技术的动态 QFD[86, 113-114],基于动态 QFD 构建数学规划模型优化技术特性的目标值以指导企业制订策略来满足客户的未来需求。

2.1.4　个性化产品模块

1）个性化产品模块划分方法

模块划分是实现个性化产品设计的基础,合理有效的模块划分能够降低产品开发成本、缩短产品上市时间、提高产品多样性和个性化水平等。

表 2‑6　模块划分的驱动因素

研究学者	技术特性	功能	结构	设计	制造	材料	运输	服务	维修	寿命	循环重用
Tseng 等[115]	×	×	√	×	×	×	×	×	×	×	×
Umeda 等[116]	×	×	√	×	×	√	×	×	×	√	√
Yu 等[117]	×	√	√	×	×	×	×	×	×	×	√
Huang 等[118]	×	×	√	×	×	×	×	×	×	×	×
Yan 等[119]	×	√	√	×	√	√	×	×	×	√	√
Ji 等[120]	×	×	×	√	√	×	×	√	√	×	√
Li 等[121]	×	√	√	×	×	×	×	×	×	×	×
Li 等[122]	×	√	√	√	×	×	√	×	√	×	√

生命周期要素: 设计、制造、材料、运输、服务、维修、寿命、循环重用

现有的模块划分研究多集中在传统产品设计领域。产品模块划分的驱动因素有很多,包括技术特性、功能、结构、生命周期要素等,见表2-6。不同的驱动因素将导致模块划分结果的不同。从现有文献研究来看,产品模块划分首先要考虑的因素是功能、结构,其次是设计、制造、运输、寿命、服务、再循环等生命周期阶段的要素。有人应用零部件间的组合类型、组合形式、组合工具、结合方向来表达零部件在结构上的关联强度,并以此进行模块划分[115]。也有人将零部件之间的几何相关性、能量相关性、物料相关性、信号相关性作为模块划分依据[121]。也可以基于零部件的几何结构信息、组成材料、寿命来构建模块,以提高产品的可维护性、可升级性、可重用性和可回收性[116]。或者以功能相似性、再循环能力、可重用能力、节约能力作为模块划分的准则[118]。近年来,学者们在功能及结构相似性的基础上,逐步将生命周期要素纳入模块划分的驱动因素中[117, 119, 122]。

一般而言,模块划分的方法可以分为两类,即启发式方法与聚类算法,见表2-7。有一种基于功能建模的启发式模块划分方法[123],该方法应用能量流、物料流、信号流等信息来表达功能元之间的关系,并以支配性流、分支流、转换传输流为准则实现模块划分。该方法是一种定性分析方法,缺乏对模块划分驱动因素的定量分析。聚类算法以零部件相关性的定量评价分析为基础,应用模型算法将零部件聚合为模块,主要模型算法包括模拟退火算法[124]、分组遗传算法[125]、模糊C均值算法[121]、复杂网络[122]、强度帕累托进化算法[126]、广义有向图[127]等。其中,零部件相关性评价信息的表达方式分为两种:一种是针对模块划分驱动因素构建零部件之间的相关矩阵,体现零部件与零部件之间关于驱动因素的相关性;另一种是构建零部件与模块划分驱动因素之间的相关矩阵,体现零部件与驱动因素之间的相关性或零部件关于驱动因素的表现情况。目前,较多学者基于零部件之间的关系矩阵实现模块划分[121-122, 124, 126]。可以基于零部件之间的关系矩阵及零部件与驱动因素的关系矩阵[125, 128],分别应用分组遗传算法、改进强度帕累托进化算法求解模块划分数学模型。

对于模块划分方案的选择,应用模糊理论是有效的实现方法[128]。结合模块划分方案评选准则[129],应用区间直觉模糊数进行多属性决策评价,并将区间直觉模糊交叉信息熵引入TOPSIS来选择最优模块划分方案。

表 2-7　模块划分的相关方法

研究学者	研究方法	信息表达			
		零部件-零部件交互矩阵	零部件-驱动因素关系矩阵	功能结构	模糊环境
Stone 等[123]	启发式方法	×	×	√	×
Gu 和 Sosale[124]	模拟退火算法	√	×	×	×
Kreng 和 Lee[125]	分组遗传算法	√	√	×	×
Li 等[121]	多维尺度分析算法 模糊 C 均值	√	×	×	×
Li 等[122]	加权复杂网络 Girvan-Newman 算法	√	×	×	×
Pandremenos 和 Chryssolouris[126]	自组织神经网络				
Wei 等[128]	改进强度帕累托 进化算法	√	√	×	×
Gao 等[127]	广义有向图	×	×	√	×

2) 个性化产品模块类别划分

在个性化产品开发过程中,设计者根据模块的类别制订模块设计、生产、配置等活动的策略,因而非常有必要对个性化产品的模块进行类别分析,现有对模块类别划分的研究见表 2-8。在面向大规模定制的模块化产品平台开发中,模块通常被定性地划分为基本模块与定制(差异)模块[130-135]。一种方法是基于客户需求与模块的关系,根据模块的频率与重要度来识别基本模块及差异模块[132]。还有方法以网络分析法和复杂网络理论为基础[136],利用零部件节点和模块节点的网络统计参数,将模块划分为基本模块、可选模块、必选模块三类,或者依据模块的多样性指数及一次性工程成本[137],将模块划分为基本模块、定制模块、独特模块。在柔性化产品平台开发中,模块主要分为基本模块、柔性模块、独立模块[121, 138-139],根据模块聚类中心零部件的功能特征实现模块类别的识别[121]。针对个性化产品,可以根据模块的设计方式及客户参与方式将模块主要划分为基本模块、定制模块、个性模块三类[6, 16, 140];也可以首先根据性能参数的变异系数及类型确定零部件的类型[14]，然后建立模块类型的规划准则并依此确定模块类型。

表2‑8　模块类别划分研究

研究对象	研究学者	研究内容	模块类型
大规模定制产品平台	Dahmus 等[130]、Du 等[131]、Jiao 等[134]、Simpson[133]、Stone 等[123]	理论定义，定性探讨	基本模块、定制模块
	Stone 等[132]	基于模块的频率及重要度来分类	
	Fan 等[136]	利用零部件节点和模块节点的网络统计参数确定模块类型	基本模块、必选模块、可选模块
柔性产品平台	Suh[139]、Suh 等[138]	理论定义	基本模块、柔性模型、独立模块
	Li 等[121]	根据聚类模块中心零部件的功能特征确定模块类型	
个性化产品	Berry 等[16]、Hu[6]、Hu 等[140]	理论定义	基本模块、定制模型、个性模块
	Zhao 等[14]	根据性能参数的变异系数及类型确定零部件的类型，依据模块类型的规划准则确定模块类型	

2.1.5　个性化产品配置

1）个性化产品配置网络

产品配置是针对不同的客户需求基于一组约束条件通过选择不同的模块实例来构建一系列配置方案[141]。配置方案对于客户需求的满足程度是衡量客户满意度的基本指标，是客户购买产品的主要依据。为了准确衡量配置方案的客户满意度，需要基于历史配置信息挖掘客户需求域及配置方案域之间的内在映射关系，构建配置网络，预测配置方案所能满足的客户需求。配置网络的构建有助于产品配置方案的准确评价、及时调控优化。

如表2‑9所示，目前对产品配置网络的研究主要集中于对新产生配置方案的关键性能参数值的预测,以判断产品是否满足客户对其性能指标的个性化需求。王海军等[142]采用最小二乘逼近模拟模块实例性能模糊值与实际值之间的关系,从而实现对新配置方案的性能值的预测。可以应用粗糙集理论与神经网络确定模块实例与产品性能参数之间的关系,并基于此预测产品的性能[143-144]。基于灰色关联分析及支持向量机挖掘模块参数与产品性能参数之间的关系也是一种有效的方法[145],也可以采用主成分分析法及支持向量机构建配置产品性能预测模型[146],或者通过构建基于 Modelica 语言的多领域仿真模型实现对配置产品性能的仿真预测[147]。

表 2-9　产品配置网络构建的相关方法

研究学者	研究方法	考虑因素	应用局限性
艾辉等[147]	基于 Modelica 语言的多领域仿真模型	产品配置方案性能参数 产品族仿真模型	主要关注于产品配置方案的性能参数预测,未考虑客户价值需求、客户价值需求的情境特性;未与产品配置方案优化结合
王海军等[142]	最小二乘逼近法	模块实例 产品性能参数	
Guojun 和 Changxue[143]	粗糙集理论 神经网络		
Zhu 等[144]	粗糙集理论 神经网络		
Zhang 等[145]	灰色关联分析支持向量机	模块参数 产品性能参数	
Zhang 等[146]	主成分分析 支持向量机		

2) 个性化产品配置优化

产品配置是实现个性化产品定制的有效方式。在过去几十年内,产品配置不断受到学术界及工业界的关注,研究学者提出了不同的产品配置方法,主要包括基于规则[148-149]、基于逻辑[150-152]、基于资源[153]、基于约束[154-159]、基于案例[160-162]的产品配置方法。这些产品配置方法主要采用知识、经验或相关约束等推理出可行的配置方案以满足客户需求及产品约束。然而,随着产品模块的增多,模块间的相关关系变得复杂,这将增大配置过程的复杂度,产生较大的配置解空间。为此,需要采用配置优化方法从大量有效配置方案中选取一个或多个较优的配置方案。

　　为了在配置解空间中搜寻最优解,研究人员基于约束条件及优化目标构建配置优化模型,采用不同的算法求解模型,见表2-10。有方法基于 QFD 及联合分析法分析客户需求与产品部件之间的关系[163],以最大限度满足客户需求为目标,利用0—1整数规划建立配置优化模型;也有方法用配置产品的性能及成本衡量客户满意度[164],将客户满意度最大作为线性规划模型的优化目标,应用遗传算法及约束优化方法对配置优化模型求解;或者以成本最低为目标,将面向对象的配置模型转化为混合整数规划模型[165]或将成本、时间、性能等作为优化目标,建立0—1整数规划模型运用进化算法进行优化求解[166-168]。产品配置优化过程中存在不确定因素,会产生模糊信息,为此,研究学者将模糊理论引入了产品配置优化中。模糊多属性决策是可以采用的方法,以评选出符合客户需求的最优配置方案[169],能较好处理模糊信息;也有人提到基于多个模糊模型之间的映射实现产品配置[170-172]。在实际中,有人采用模糊多目标优化算法来处理不确定条件下的产品配置优化问题[173],将以成本、时间及产品保证为目标的多目标优化问题转化为单目标优化问题。还有一种可能是将多种形式的模糊信息统一转化为区间数[174],以产品综合性能、成本和出货期为目标,建立了基于不确定信息的多目标配置优化模型,运用 NSGA-Ⅱ算法对

表2-10　产品配置优化的相关研究

研究学者	配置优化模型	研究方法	成本	性能	时间	客户需求	产品保证	模糊环境
Li 等[166]	0—1整数规划	多目标遗传算法	√	×	√	×	×	×
Luo 等[163]	0—1整数规划	QFD,联合分析	√	×	×	√	×	×
Zhou 等[175]	0—1整数规划	遗传算法	√	×	×	×	×	×
Hong 等[164]	非线性规划	遗传算法约束优化	√	√	×	×	×	×
Liu 和 Liu[173]	0—1整数规划	帕累托方法	√	×	√	×	√	√
Yang 和 Dong[165]	混合整数规划	面向对象的建模	√	×	×	×	×	×
Wei 等[167]	0—1整数规划	NSGA-Ⅱ	√	√	√	×	×	×
Yifei 等[168]	0—1整数规划	帕累托方法	√	√	×	×	×	×

模型进行求解,从而得到配置方案 Pareto 最优集。

2.2　对客户价值驱动的个性化产品设计理论的分析

通过对个性化产品设计相关文献的阅读、分析、归纳,并结合企业个性化产品设计实际需求,对研究现状分析如下。

2.2.1　个性化产品设计框架理论分析

总体而言,从有限的文献来看,目前针对个性化产品设计框架的研究非常少,现有研究或停留于定性的理论描述层面,或者关注于部分研究内容,缺乏定量化、系统化的设计框架。个性化产品设计涵盖了需求分析、技术特性映射、模块划分及方案配置四个阶段,现有研究未提出各个阶段的具体实现细节框架及相关支撑方法,不能指导个性化产品设计实践。

个性化产品设计过程的基本驱动力是客户价值,以往关于客户价值的研究多是从市场营销的角度进行探讨,与个性化产品相结合的研究十分有限。同时,个性化产品设计过程具有客户参与性及不确定性,当前已有的研究缺乏对这些特性的全面考虑。关于个性化产品设计框架的具体实现方法,多数框架是借鉴传统的产品设计方法,对个性化产品设计的特征考虑较少,因而其对于个性化产品设计过程的指导意义有限。因此,迫切需要开发一套适应于个性化产品自身特点的设计框架、流程及方法。

2.2.2　客户价值需求识别与分析理论分析

1) 客户价值需求识别理论分析

个性化产品客户价值具有多层次及多维度的特性,根据表 2-2 的分析可知,现有客户价值模型在客户价值的深度及广度方面存在不足,缺乏合理的表达结构。收益-成本模型提供了客户价值评估方法,但仅限于感知收益与感知成本之间的权衡过于简单及狭隘;价值组合模型便于为新产品开发中产品特征的决策提供指导;综合配置模型注重协助决策者从多个角度认识客户价值的丰富性及内在关联关系。目前,关于这三种模型的研究对客户价值描述比较抽象,缺少对客户价值属性的细节描述,缺乏合理的层次表达结构;手段-目的链模型虽然能够清晰地表达客户价值的层次结构,指导客户实现对产品属性、属性性能的期望价值及感知价值的评价,但是目前的研究多数停留在理论层面,缺乏对客户价值的深层次挖掘,尚无对客户价值属性的明确描述。另外,目前客户价值识别模型的研究多数是从营销学角度建立的理论,并不是在个性化产品设计的背景下提出的,因而不能很好地直接指导个性化产品客户价值的识别。因此,迫切需要构建一个有效的个性化产品客户价值识别模型,以便于逐层全面挖掘客户的价值需求。

2) 客户价值需求分析理论分析

现有文献对需求重要度分析及模糊信息处理有大量的研究,但是就需求分类而言,研究非常有限。需求类别是个性化产品后续设计活动的关键决策依据:一方面,个性化产品的设计、制造需要考虑模块类别,而模块类别的划分与前端需求类别的关系紧密;另一方面,个性化产品设计中要全程关注客户满意度,不同类别的需求对客户满意度的影响程度不同。因此,在需求重要度分析的同时需要进行需求类别分析。

就文献对需求分析的研究整体来看,多数需求分析工具难以同时实现需求分类及重要度分析,不适合应用于个性化产品客户价值需求分析中,Kano 模型在同时处理这两个问题方面具有较大的潜力。然而现有 Kano 模型在个性化产品客户价值需求分析方面还存在一些不足。

首先,Kano 模型现有的定量分析方法存在局限性,主要体现在:一方面,多数定量分析中重要度调整系数的设置取决于决策者的主观经验,随机性较强,容易导致主观错误[176];另一方面,定量分析缺乏对主观评价、客观信息及需求对满意度影响程度的综合考虑,现有研究片面地考虑了部分因素,有可能导致分析结果的不准确。

其次,语言变量能够有效地处理需求分析决策过程的内在模糊性[177-180],个性化产品的多样性及客户参与性使得参与需求分析的决策者的偏好、文化、教育、经验等背景的差异较大,对所处理问题不确定性的区分能力不同,从而导致不同的决策者趋向于使用不同粒度的术语集来表达各自的决策[72, 181-183]。虽然 FKM 及 C-FKM 能够在一定程度上处理决策过程中的模糊信息,但是缺乏对个性化产品客户价值需求分析过程中多粒度模糊语言环境的考虑。

2.2.3　客户价值需求预测与转化理论分析

1) 客户价值需求预测理论分析

综合现有文献可以看出,多种预测技术可以为个性化产品客户价值需求重要度预测技术服务,但是这些技术具有一定的局限性。例如,模糊趋势分析法主要采用定性分析对需求重要度进行预测,主观性强;双指数平滑法适用于处理线性预测问题;组合指数平滑法与组合双指数平滑法受限于短期预测问题;马尔科夫链模型是从概率角度分析变化趋势,但是其中概率值的获取存在不稳定因素;灰度理论虽然计算简便、数据要求低、所需数据量相对较小,但现有基于灰度理论的预测方法在参数估计、初始条件及背景值选取方面均存在一定的主观性,造成了预测精度的下降。就需求类别预测而言,现有研究非常有限,仅有 Song 等[92] 提出基于 Kano -灰度理论-马尔科夫链集成模型进行需求类别预测,该方法运算复杂度高,实现较为困难,同时其中所用灰度理论及马尔科夫链模型存在前文所分析的相关缺点。

综上所述,现有需求预测方法中普遍存在主观性强、预测精度低或样本数据要求高等缺点。此外,在个性化产品客户价值需求动态变化过程中,未来客户价值需求类别确定会受到客户价值需求重要度、供应商客户价值供应能力的影响。而现有文献无论是对需求重要度的预测还是对需求类别的预测,都没有考虑这一问题。

2) 客户价值需求转化理论分析

个性化产品中客户价值需求的变化周期较短,在客户价值需求转化中需要充分考虑其动态性以保证所开发产品能满足客户的真实价值需求,不仅要考虑客户价值需求重要度变化的影响,同时要考虑类别变化的影响。一方面,客户价值需求的未来重要度及频率表达了客户的主观期望及偏好,是个性化产品客户价值需求未来类别划分的基础;另一方面,QFD 优化模型中的客户满意度(利得)与客户价值需求类别关系紧密,企业根据各类客户价值需求对满意度的贡献投入不同成本(利失)来开发产品技术特性,而客户价值基于利得与利失的感知来衡量,不同的类别划分将导致客户感知价值的不同。因而,个性化产品客户价值需求未来类别的划分是一个系统化的决策过程,需要基于客户价值需求的未来重要度及频率优化客户价值需求的未来类别以达到客户满意度及成本之间的最优权衡,即客户价值最大化。由此来看,个性化产品客户价值需求转化过程中,需要基于客户价值需求未来重要度及频率以客户价值最大化为目标在优化技术特性目标水平的同时优化客户价值需求的未来类别。

总体而言,从现有文献来看,以 QFD 为基础的数学规划模型经过大量学者的研究,无论是在理论上还是在应用上都比较成熟,但是他们都是关注于传统产品客户需求的转化,缺乏对个性化产品客户价值需求相关特性的考虑,因而现有研究无法直接应用到个性化产品客户价值需求转化之中。首先,现有研究主要聚焦于满足当前客户需求,缺乏对需求动态特性的考虑,导致上市的产品难以满足客户需求。以动态 QFD 为基础的客户需求转化,虽然考虑了客户需求重要度的变化及对技术特性的影响,但是忽略了客户价值需求未来重要度、未来类别及技术特性目标值之间的相互影响,并且不是以客户价值最大化为目标。其次,多数研究假设客户满意度与客户需求满足水平之间呈线性关系,忽略了不同类别客户需求对客户满意度的贡献不同。虽然部分研究将 Kano 模型集成到 QFD 中以精确表达不同类别客户需求与客户满意度之间的关系,但是 Kano 模型难以进行类别动态分析,同时对客户需求的分类过程含有大量的主观信息,缺乏系统化的决策支持。

2.2.4 个性化产品模块构建理论分析

1) 个性化产品模块划分理论分析

目前关于模块划分的研究主要是面向大规模定制产品的,由于缺乏对个性化产品相关特性的考虑,现有方法对于个性化产品的模块划分具有一定的局限性。首先,有文献的模块划分驱动因素主要聚焦于功能、结构及生命周期要素,虽然这些因素同样适用于个性化产品的模块划分,但是仅应用这些驱动因素难以体现个性化产品的客户价值导向性、客户参与性及不确定性。其次,考虑到模块划分驱动因素的多样性,需要针对不同的驱动因素,采用不同适用的决策方法进行零件相关性评价。现有研究多数采用单一的决策方式,容易造成决策者表达受限,从而导致信息缺失或不准确。Kreng 和 Lee[125] 及 Wei 等[128] 采用两种方式表达零件相关性评价,他们为决策信息的混合表达提供了一条有效途径,但是缺乏对多模式表达信息的有效集成,所采用的进化算法的复杂度随着产品复杂度的增加而呈指数增长。再次,由于个性化产品信息的不确定性及决策者的主观评判导致模块划分过程中存在较强的模糊性,而现有研究并未考虑对模糊信息的处理,将会影响决策者描述信息的准确性。最后,对于个性化产品模块化过程中出现的多种方案,没有给出合适的评选指标和模型。现有的基于模糊理论方案评选方法适用于多目标优化问题。Li 等[129] 的研究中需要决策者进行评价,增加了操作复杂度,而现实中设计者更倾向于自动得到最优方案。

2) 个性化产品模块类别划分理论分析

个性化产品模块划分完成之后,需要定量分析模块的个性化指数并将模块进行分类划分为基本模块、定制模块及个性模块,现有研究难以对这三种类型模块进行有效识别。首先,目前对模块类别划分的研究比较有限,且多数研究停留在理论层面,通过定性分析客户需求或设计参数确定模块类别,都只是模糊地对某一需求或设计参数所对应的物理结构进行模块类别规划,缺乏全面、具体的模块分类指标,不能定量地进行分析,难以有效地指导实际操作。虽然Fan 等[39]基于网络分析提出了模块分类的定量分析方法,但该研究操作过程复杂,而且缺乏对模块个性化度的衡量。此外,由于个性化产品模块划分需要考虑模块的潜在个性化度,因此,大量的主观评判及定性语言描述需要客观地定量处理是该问题的一个基本特征。模糊集理论是处理主观性及不确定性的有效方法,也是实现定性语言描述量化的基本方法[184]。但是,现有的文献研究并未考虑模块分类过程中的模糊语言环境。综上所述,为了合理规划个性化产品的模块,需要构建一个全面的以定量分析模块个性化度为核心的评价体系,并且能够基于模糊语言环境实现模块的分类。

2.2.5　个性化产品配置理论分析

1) 个性化产品配置网络构建理论分析

对于产品配置网络构建而言,首先解决"输入及输出是什么"的问题。现有文献研究中配置网络以配置方案的模块实例集合为输入,输出为产品的性能参数值,体现的是产品中心论,即认为客户的购买决策依据是产品本身的性能水平,这一理论并不适用于以客户为中心的个性化产品开发。一方面,个性化产品的多样化带来繁多的性能参数,同时客户对产品往往缺少足够的认识,导致客户感知上的困扰使得客户难以准确地表达对产品的性能需求。另一方面,客户更多关注的是自身价值需求的满足,而客户价值需求具有情境特性[185-187],因此同样的客户价值需求时常对应不同的配置结果。由此看来,客户价值需求及情境特征是个性化产品配置网络的关键输出信息,配置方案对于特定情境下的客户价值需求的满足程度反映了产品的个性化程度,是客户购买个性化产品的主要依据。目前的研究并未考虑这些因素。

现有文献构建配置网络的方法主要包括仿真模型、最小二乘逼近法、神经网络及支持向量机,这些方法对于个性化产品配置学习网络的构建具有一定的借鉴意义,但是由于内在的局限性,并不能直接应用。艾辉等[147]提出的基于 Modelica 语言的多领域仿真模型,对产品多领域知识的表达结构及全面性要求较高,模型构建过程复杂。王海军等[142]提出基于最小二乘逼近法构建配置网络模型,该方法中的性能参数权重矩阵、模块实例与性能参数关系矩阵、客户需求及性能参数映射矩阵在每次使用时都需要重新计算,导致配置网络难以重复使用,增加了预测过程的复杂度。基于神经网络或支持向量机构建配置网络,模型可以重复使用,运算量较小,输出精度与可信度也比较高。但是神经网络存在易陷入局部极小、收敛速度慢等缺陷,支持向量机人工参数选择的盲目性和随意性会影响模型的泛化推广能力和训练速度。

　　配置网络的预测结果是产品配置优化模型的关键目标之一,现有研究只是简单地将预测结果作为配置方案评价的依据,并没有将其与配置优化结合。事实上,将预测结果作为配置优化的决策依据,有助于提高最优配置方案的个性化水平及客户满意度。

　　2) 个性化产品配置优化理论分析

　　目前的产品配置优化研究主要以产品为中心,优化目标为产品的成本、性能及时间,对买卖另一方客户的需求状况与个性化特征基本没有考虑。这对处于卖方市场的客户购买决策一般是适用的。但随着市场结构由卖方市场向买方市场的转变,现有基于产品中心论的产品配置优化模型已不能与市场转型相适应。因此,在以客户为中心的个性化产品配置优化过程中,如何抓住客户认知的本质特征构建以产品效用、客户价值需求、客户个性特征为基础的产品配置优化模型成为进一步完善个性化产品设计理论的关键。

　　由于市场条件的变化及设计人员主观判断的模糊性,导致客户及产品相关信息的表达中往往呈现一定的不确定性。部分研究学者关于不确定环境下的产品配置优化的研究虽然在一定程度上可以处理优化问题中的模糊信息,但仍存在一定的局限性。比如,Zhu 等[169]的研究主要集中于模糊信息下产品配置方案的评选,并未考虑产品配置方案的优化求解;Deciu 等[170]、Ostrosi 等[171]、Ostrosi 和 Bi[172]所提出的模糊配置优化模型需要实现多个域之间的信息映射,该模型操作复杂、主观性较强;[173]及张萌[174]在将多目标优化问题转化为单目标优化问题的过程,引入了一些主观因素,将会导致配置优化结果的不准确;由于不确定信息的存在,配置方案难以完全满足约束条件,有必要对方案的可靠性和风险进行合理的权衡,以便做出合理的优化决策,现有研究并未考虑这一点。

　　企业往往积累了大量的产品配置历史信息,建立合理的知识重用机制将这些信息用于指导产品配置优化,有助于提高配置效率及准确性。而目前的配置优化研究缺乏对配置历史信息的重用。

2.3　理论与工业需求差距分析

　　在先进设计理念、生产模式及互联网思维技术的推动下,许多产品制造商开始由大规模定制转向个性化定制。个性化定制促使企业根据客户的特征及偏好,一对一地提供与客户自身价值需求准确一致的个性化产品或服务,有利于实现经营模式从"产品中心论"向"客户中心论"的转变,提升客户满意度及企业核心竞争力。然而,目前的个性化产品设计能力比较有限,主要是因为个性化产品设计的相关研究仍处于不断探索之中,缺乏系统的个性化产品设计方法体系的支撑,已有研究成果距离当前工业需求仍然存在较大的差距。个性化产品设计的具体工业需求如下:

　　(1) 制造商需要一套有效的个性化产品设计框架及方法体系,应以"满足特定情境下的客户价值需求"为核心,源于客户价值需求,终于客户价值需求,形成闭环反馈。

　　(2) 客户价值需求要从多层次和多维度综合考虑,以识别隐性客户价值需求。同时,为有效地支持后续设计活动,应对客户价值需求进行类别及重要度分析,并合理处理分析过程中的模糊信息。

　　(3) 客户价值需求的转化首先要对未来客户价值需求的预测,其次基于未来客户价值需求优化产品技术特性的目标值,有助于企业针对性地进行产品开发,创造客户价值最大化的个性化产品。

　　(4) 为了降低个性化产品设计成本、提高设计的个性化水平,需要构建符合个性化产品自身特性的模块化方法,一方面要实现模糊信息环境下的个性化产品模块划分,另一方面要基于个性化指数对模块进行类别划分。

　　(5) 为了协助客户快速定制个性化产品,需要以个性化产品的模块为基础构建个性化产品配置优化技术。该技术要体现以客户为中心的个性化产品设计理念,将客户价值需求作为配置方案评价的关键依据,从而形成闭环反馈。同时,要能够对配置历史知识进行挖掘与复用,保障配置方案的准确性。

通过对研究现状的综述及分析，当前个性化产品设计的相关理论研究与工业需求的差距总结见表 2-11 所示。

表 2-11　个性化产品设计研究与工业需求差异总结

研究内容		已有解决方案	尚存在不足
个性化产品设计框架结构	模式与流程	开放式架构、面向大规模个性化的设计框架、情感设计框架等	缺乏适用于个性化产品自身特点的整体设计框架和流程，缺乏具有实践指导性的支撑方法
客户价值需求识别与分析研究	客户价值需求识别	基于价值组合模型、基于收益/成本模型、基于手段-目的链模型、基于综合配置模型	当前的方法多集中于市场和管理领域，缺乏个性化产品客户价值需求的层次化识别模型及属性的明确描述
	客户价值需求分析	模糊 Kano、模糊 AHP、集成 Kano-QFD、模糊群决策等	缺少对客户价值需求模糊性和不确定性的考虑，缺乏对决策信息的全面分析
客户价值需求的预测与转化	客户价值需求预测	模糊趋势分析、双指数平滑法、马尔科夫模型、灰度理论等	需求预测方法有特定适用条件，未考虑预测过程中客户价值需求重要度与类别之间的关系
	客户价值需求转化	QFD、集成 Kano-QFD、集成模糊 QFD-模糊 ANP-模糊 AHP 等	忽略了客户价值需求类别的优化，缺乏对需求类别与客户满意度之间的非线性关系的考虑
个性化产品模块构建研究	模块划分	启发式方法、模拟退火算法、复杂网络等	缺少符合个性化产品自身属性的模块划分方法，缺乏对模糊环境的考虑
	模块类别分析	定性探讨、基于频率和重要度、基于网络统计参数等	缺乏全面的定量分析
个性化产品配置优化	配置网络	粗糙集理论-神经网络、主成分分析-支持向量机等	未考虑配置方案与客户价值需求、情境特征之间的关系，未将配置网络与产品配置优化结合
	配置优化	多目标遗传算法、面向对象的建模、NSGA-Ⅱ等	缺乏对客户满意度有效衡量，对配置中模糊信息的处理能力不足，缺乏对历史信息的有效利用

2.4　客户价值驱动的个性化产品设计总体框架

客户价值驱动的个性化产品设计是知识经济时代产品开发的一种新模式，它使客户参与到产品开发活动中，以客户价值需求为起点，终于满足客户价值需求的个性化产品配置方案。一方面，客户通过参与产品开发将自己的需求融入产品中，定制充分体现自身价值需求的个性化产品，同时获得独特的体验价值；另一方面，制造企业在客户参与过程不断显化客户的隐性价值需求，并以此指导产品开发活动，以实现客户价值最大化，从而形成一种以客户价值为驱动力的良性产品演化循环。

2.4.1　概念定义

定义 2 - 1：个性化产品(personalized product)

个性化产品是指企业为满足客户对产品的个性化需求，通过采用开放式架构使客户参与产品设计，为其提供由模块实例组合而成能够体现客户需求特征的产品或系统。

该定义明确了个性化产品需要实现基于单个客户的差异化，有区别于基于细分市场的大规模定制。个性化产品通常采用开放式架构，其模块主要分为三类：系列产品所共享的基本模块、允许客户选择的定制模块、客户参与设计的个性模块，这些模块拥有标准化的机械、电子及信息接口以便于后续的装配及拆解。这三类模块的划分表明个性化产品是实现部分模块的个性化，并非所有模块的个性化。模块化的开放式架构使得企业以工业化大规模的生产来满足客户的个性化需求，即实现大规模个性化定制。此外，开放式架构允许客户参与产品设计以显化客户的隐性需求、增强客户体验，同时确保产品的可适应性及可变性。

定义 2 - 2：客户价值(customer value)

个性化产品制造企业为使客户达到生产或消费活动的预期目的，以所提供个性化产品为载体，以客户感知为衡量，为客户所创造的价值的总和，称为个性化产品的客户价值。

该概念定义明确了客户是价值感知的主体，客户价值是基于特定的生产或消费情境进行衡量的，与产品本身关系密切。客户价值的典型衡量方法是客户

"利得"与"利失"之间的综合权衡:客户在获取或使用某产品中所能获得的总体利益与所付出的总体代价之间的比较。客户对价值的感知具有很强的主观性,本书对于客户如何感知价值不做深入探讨,主要从企业内部认知上对客户价值的"利得"与"利失"进行分析。

定义 2 - 3:客户价值驱动的个性化产品设计(personalized product design driven by customer value)

客户价值驱动的个性化产品设计是指以客户价值需求作为个性化产品开发的起点,将其映射在后续的产品开发活动中,终于以客户价值需求为核心的个性化产品配置优化,即通过客户价值需求衡量配置方案的客户满意度,结合成本、交付时间构成配置方案的客户价值及优化目标,以达到配置方案的客户价值最优,最终得到满足客户价值需求的个性化产品。

在以客户为中心的产品设计中,客户价值是客户购买行为的关键决策依据,也是企业竞争优势的根本来源[188]。该概念定义促使企业抓住客户感知的本质特征分析企业的个性化产品设计活动,科学地将客户关注的价值要素落实到产品设计决策中。个性化产品是客户价值驱动的个性化产品设计的目标及最终产物,而客户价值驱动的个性化产品设计是对得到个性化产品的方法及流程的抽象描述。

2.4.2　个性化产品设计的基本特性

由于个性化产品结构的开放化、需求的个性化等内在属性的影响,导致个性化产品设计表现出不同于大规模定制产品设计的一些特点。

1) 价值导向性

在大规模定制产品设计中,客户主要关注于产品功能及性能的实现与定制。个性化产品设计中,居于主体地位的客户拥有较强的主动权,客户不再仅关注于产品本身的功效价值,更关注于在产品购买或使用过程中自身所能感知到的价值。客户价值是客户购买个性化产品的决策依据,这就要求企业以客户价值分析为起点,深入理解客户价值的构成要素及其特性,将客户价值要素在个性化产品设计中进行有效映射,最终以客户价值为核心对设计方案进行评价,最大限度地提升产品的客户价值。

2) 客户参与性

在个性化生产模式下,客户从传统生产模式中的被动接受者转变为合作价值创造者。对个性化及体验化的追求驱使客户更为主动地融入产品设计、生产、交付等环节中去。客户参与个性化产品研发,一方面能够有效满足客户的体验价值需求,另一方面客户的隐性价值需求在参与过程中不断显化,使得企业能够更全面地挖掘客户的价值需求。同时个性化产品的开放式架构及互联网技术的发展为客户参与个性化产品研发提供了有力的支撑。

3) 不确定性

不确定性主要体现在决策信息的不确定性、客户价值需求的动态不确定性及个性化产品结构的不确定性。在个性化产品开发中需要大量客户或专家的决策信息,由于环境的多变性、产品的复杂性、人类思维的内在局限性,这些决策信息往往具有较强的模糊性、不确定性;个性化产品的客户价值需求具有高度的时空特性和环境依赖性,随着时间的推移,以及客户参与度、对产品认知度的不断加深,客户价值需求的重要度、关注度和类别等可能会动态发生变化;个性化产品的开放式架构允许客户参与产品设计对个性化模块进行定制以满足自身需求,这使得其产品结构具有可变性。

2.4.3 客户价值驱动的个性化产品设计框架

针对个性化产品设计现有研究与工业需求的差异分析,结合个性化产品设计的基本特性,本书提出了一套完整的客户价值驱动的个性化产品设计框架,如图 2-2 所示。

该总体设计框架分为三个层次:第一层是客户价值驱动的个性化产品设计过程,整个过程客户价值最大化为目标,以客户价值需求的分析为起点,终于以客户价值需求为核心的个性化产品配置优化,主要包括四个阶段,分别为个性化产品客户价值需求的识别与分析、个性化产品客户价值需求的预测及转化、个性化产品的模块构建及个性化产品的配置优化,这四个阶段逐步递进,通过各阶段之间关联关系的建立实现设计信息的传递;第二层是各设计阶段目标实现所需要的相关技术与方法,包括客户价值需求层次结构模型、客户价值需求类别及重要度分析方法、未来客户价值需求预测模型及转化方法、个性化产品模块划分方法及方案优选技术、个性化产品模类别确定技术、个性化产品配置网络构建及配置方案优化技术;第三层表示执行相关方法与技术所需要用到的数据或信息,主要有客户价值的层次及维度、客户价值需求的偏好信息及历史信息、技术特性的映射信息、模块的相关信息等。

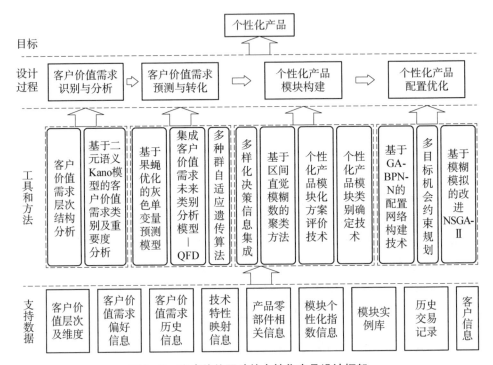

图 2-2 客户价值驱动的个性化产品设计框架

2.4.4 客户价值驱动的个性化产品设计流程

基于上文所构建的客户价值驱动的个性化产品设计框架,本节提出了该框架所对应的具体流程,如图 2-3 所示。

1) 客户价值需求识别

针对客户价值需求的多层次、多维度、隐蔽性强的特性,构建客户价值层次模型:目的层、结果层、属性层。针对客户的目的,分别从结果层的四个维度(效用价值、情感价值、社会价值、经济价值)分析属性层所包含的客户价值要素。

2) 客户价值需求分类

针对客户价值需求的分类问题中的多粒度模糊决策信息,构建客户价值需求分类模型,获得比较准确的客户价值需求类别,为后续客户价值需求重要度分析做准备。

3) 客户价值需求重要度分析

基于客户价值需求分类信息,分别从主观评价、客观信息及客户价值需求

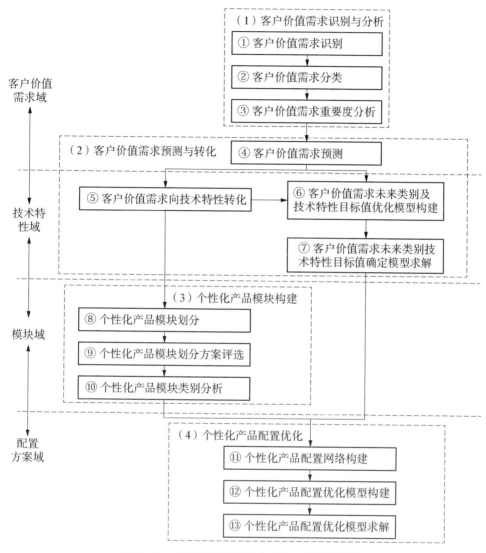

图 2-3　客户价值驱动的个性化产品设计流程

对客户满意度的贡献三方面全面分析客户价值需求的重要度,以弥补客户价值需求重要度分析中的主观性,同时提高客户满意度。

4)客户价值需求预测

针对客户价值需求的动态特性,构建客户价值需求预测模型,基于客户价值需求的历史重要度及频率,准确预测客户价值需求的未来重要度及频率。根据客户价值需求的未来重要度、频率及类别之间的关系,构建客户价值需求未来类别分析模型。

5）客户价值需求向技术特性映射

为了将客户价值需求的动态变化传递到产品设计中，结合客户价值需求的未来类别分析模型，构建未来客户价值需求与技术特性之间的映射关系。

6）客户价值需求未来类别及技术特性目标值优化模型构建

客户价值需求的未来类别会影响产品的客户满意度及成本投入，基于此，根据未来客户价值需求与技术特性之间的映射关系，通过客户满意度与成本的比值衡量产品的客户价值，建立以客户价值最大为目标的客户价值需求未来类别及技术特性目标值优化模型。

7）客户价值需求未来类别及技术特性目标值优化模型求解

针对客户价值需求未来类别及技术特性目标值优化模型，开发模型求解算法，得到最优的客户价值需求未来类别及技术特性目标值。

8）个性化产品模块划分

结合个性化产品的特性，分析模块划分驱动因素，建立模糊环境下的零部件相关关系，将关联强度较大的零部件聚合为模块，得到一系列粒度不同的个性化产品模块划分方案。

9）个性化产品模块划分方案评选

针对上一步所生成的个性化产品模块划分方案，建立方案的无监督评价准则以对其进行综合评价，应用方案评选模型自动评选出最优个性化产品模块划分方案。

10）个性化产品模块类别分析

建立模块个性化评价指标，基于此计算模块的个性化度，并将模块划分为基本模块、定制模块及个性模块，为后续个性化产品配置做准备。

11）个性化产品配置网络构建

为了缓解个性化产品配置过程中的客户感知困扰及配置方案的个性化缺失问题，基于历史配置信息，构建引入情境特征的个性化产品配置网络，以准确表达新产生配置方案所对应的客户信息，作为个性化产品配置优化的关键输入。

12）个性化产品配置优化模型构建

基于个性化产品配置网络，通过客户价值需求确定配置方案的客户满意度，以客户满意度、产品成本和交付时间衡量配置方案的客户价值，并将其作为优化目标,建立考虑不确定因素的模糊多目标配置优化模型,并将其转化为模糊机会约束多目标优化模型以便于求解。

13) 个性化产品配置优化模型求解

开发模糊机会约束多目标优化模型的求解算法,在对模型中的模糊信息进行有效处理同时,准确获得最佳配置方案。

第3章　个性化产品的客户价值需求
识别与分析技术

在以客户为中心的买方市场经济环境下,客户价值作为客户的价值取向是客户消费行为的关键决策依据,最大限度地满足客户的价值需求是企业发展的重要战略。这就要求企业以客户价值需求作为个性化产品设计的出发点及依据,并且明确两个问题:一是客户在产品消费过程中关注哪些价值要素,二是这些价值要素在个性化产品设计过程中分别发挥怎样的决策作用。客户价值需求的识别与分析正是为解决这两个问题而提出的。在个性化生产模式下,个性化产品的客户价值需求表现出一些新的特性,传统产品的客户需求方法存在一定的局限性,而针对个性化产品客户价值需求的探讨不多,对于如何识别个性化产品的客户价值需求、如何对客户价值需求进行分类,以及重要度分析缺乏系统性及针对性的讨论。基于此,本章的目的是提供个性化产品客户价值需求的识别与分析技术。

3.1　个性化产品客户价值需求的特点

1) 客户价值需求的层次性

一方面,客户对企业所提供个性化产品的价值感知过程具有一定的层次性,Woodruff[30]基于人类信息处理的认知逻辑分析客户价值,将客户价值分为三层:目标层、结果层、属性层。客户在使用或购买个性化产品时通过方法-目标模式形成价值期望,客户基于产品属性对完成各预期结果的贡献形成对属性的期望或偏好,根据结果完成目标的能力形成对各结果的期望。企业需要逐层识别个性化产品的客户价值需求。另一方面,企业对客户价值需求的满足过程具有一定的层次性,Weingand[189]将客户价值划分为基本价值、期望价值、需求

42

价值及未预期价值四个层次,各层客户价值对客户满意度的贡献不同。个性化产品制造企业需要根据客户价值需求的层次分布及自身发展战略开发产品以逐层或有针对性地满足客户的价值需求。

2）客户价值需求的多维度性

任何产品所提供的客户价值都不是单一维度的,而是多维度价值的组合。不同研究视角下,客户价值的维度划分也不同,如在营销视角下,Anderson 和 Narus[190]认为客户价值由利益与成本两个维度的价值构成。在客户导向视角下,Sweeney 和 Soutar[191]将客户价值划分为质量价值、情感价值、社会价值和价格价值。个性化产品的客户价值维度不仅仅包括产品的功能属性及性能,同时还包括客户体验、情感享受等其他维度。

3）客户价值需求的模糊性

客户往往依据自身的主观认知描述客户价值需求及其相关特性以反映其主观意志,这个过程不可避免地存在模糊性。另外,个性化产品客户价值需求的分析过程中涉及大量客户及专家的判断,由于个性化产品的复杂性、客户价值需求的多样性、人类自身领域知识的局限性及认知的有限性,这些判断信息往往具有较强的主观性及模糊性。为了有效表达判断信息的模糊性,有别于传统精确数的信息表达方式,客户及专家倾向于采用不同的模糊语言变量,如"一般""高""低"等。

4）客户价值需求的差异性

个性化产品客户价值需求的差异性主要体现在:一是客户价值的主观性导致不同的客户对同一项客户价值需求的偏好是不相同的,表明了客户价值需求的个性化;二是各项客户价值需求之间存在差异性,即同一客户的各项价值需求的重要度及满意度是不一样的;三是同一客户在不同情境下会具有不同的客户价值需求,体现了客户价值需求的情境性特征。

5）客户价值需求的动态性

随着个性化产品生命周期的逐步演化,客户所处的客观环境及其对产品的主观认识会不断变化,这些将引起客户价值需求的动态变化。客户价值需求的动态性主要表现以下四个方面:第一方面是客户价值需求结构的变化,客户通常会对新的价值需求表现出较高的关注度,随着其对应产品的不断投入市场,客户对该项需求逐步接受,对其关注度也随之降低,这个过程可以通过客户价值需求的关注频率变化来表现;第二方面是客户价值需求重要度的变化,如随着客户购买力的提升,客户的关注度不再局限于产品的性能水平,对产品的身份象征水平的偏好度逐步增加;第三方面是客户价值需求定制度的变化,如在技术发展及市场需求的推动下,客户不再满足于在有限的选项内定制冰箱门,而是期望根据自己的喜好对冰箱门体外观进行个性化定制,此类变化可以归结为客户价值需求类别的变化;第四方面是客户价值需求期望值的变化,如随着环保的提倡,客户对电梯产品的能耗期望值越来越低。

3.2   个性化产品客户价值需求识别

客户价值需求识别活动的目的是帮助企业深入了解客户在使用或购买产品的过程中到底关注哪些价值要素,以获得全面的客户价值构成。它是客户价值需求分析的基础,也是企业对所设计个性化产品进行合理价值定位的首要活动。在本阶段,需求工程师通过客户价值需求层次模型逐层分析客户使用或购买产品的目的、在各价值维度期望感知到的结果,最终导出客户对底层价值要素的需求。

3.2.1   客户价值需求层次

为了有效挖掘客户的价值需求,本书针对个性化产品客户价值需求的层次性、多维度性,构建了个性化产品的客户价值需求层次模型,如图 3-1 所示。

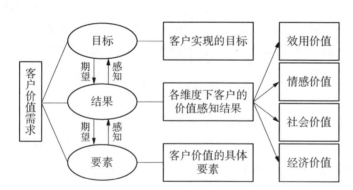

图 3-1   个性化产品客户价值需求层次模型

该模型依据手段-目的链理论,在借鉴 Woodruff[30]提出的客户价值层次模型基础上,结合考虑个性化产品客户价值需求的多维度性,将客户价值需求划分为目标层、结果层、要素层三个层次。客户价值需求的目标层表达了客户购买或使用个性化产品的最根本的目的与动机;客户价值需求的结果层主要分为效用价值、情感价值、社会价值和经济价值四个维度,体现了客户在各价值维度所感知到的结果;客户价值需求的要素层为各维度下客户价值所包括的具体可测量的价值要素,即个性化产品的属性要求。基于该模型,通过自上而下的逐层细分可以实现对客户价值需求的细分,客户及企业根据客户的价值目标推演得到客户各维度的价值期望,然后根据期望的价值结果推出为达到这一结果所必需的价值要素及价值要素的定制需求。另一方面,通过自下而上由具体到抽象的逐层归纳可以实现对所提供个性化产品的价值感知及衡量。客户价值需求层次模型通过对客户价值需求的识别及感知形成一个反馈循环。

3.2.2 客户价值需求目标层

客户价值需求层次模型的目标层具有较强的抽象性,通常采用一段文字描述客户使用或购买个性化产品的意图或目标,往往由客户的核心价值观决定。价值观是指导客户消费行为的隐含信念,表达了客户的内在特征,具有较强的主观性及持久性,随时间及情境的演变过程比较缓慢。因而,个性化产品的客户价值需求目标层具有良好的稳定性,是客户价值观与产品使用或购买目的相互作用的结果,需要通过深入分析客户行为挖掘其内在的核心价值观,再结合产品的相关功效从而推测出客户的价值目标。

3.2.3 客户价值需求结果层

个性化产品客户价值需求结果层表达了客户在使用或购买个性化产品过程中的所体验或感知到的价值,处于客户价值需求层次模型的中间层,是连接目标层及要素层的枢纽,其抽象性及稳定性次于目标层。在不同价值目标的支配下,客户会产生不同的价值结果期望,基于价值维度对客户的价值目标进行细化与分解可以得到客户所期望的价值结果。

本书在现有客户价值维度划分的研究基础上,结合个性化产品客户价值的内涵,将个性化产品客户价值结果划分为效用价值、情感价值、社会价值和经济价值四个维度。

1) 效用价值

效用价值体现为个性化产品通过完成具体任务为客户创造的利益,是客户对产品基本功能、质量及性能的感知。效用价值是产品提供给客户的最基本的价值，客户使用或购买个性化产品最直接的目的是解决具体的问题。因此，个性化产品开发的首要条件是要具有解决具体问题的相关功能、质量及性能以满足客户的效用价值需求，这也是客户购买产品的前提。

2）情感价值

情感价值是与个性化产品交互过程中，客户在感官和心理状态中所得到的利益。个性化产品的使用过程包含了客户与产品的交互，这些交互能够触发客户感官、心理方面的变化，而正面或积极的情感价值能够使客户产生较强的参与情感和归属感，能够显著提高客户的满意度及忠诚度。因而，个性化产品设计除了要考虑功能的实现，还要考虑客户的体验，即客户与产品交互过程中，不仅期望所创造的产品能完成具体的任务，同时期望得到感官和心理享受的体验。

3）社会价值

社会价值是个性化产品在提高社会自我概念方面给客户带来的利益。客户一定是处于社会环境之中，在个性化产品的使用及购买过程中会与社会中的要素发生关系，希望自身能够得到社会群体的认可，所用产品能够符合社会规范或能够体现自身个性、财富和地位等。客户不仅仅期望个性化产品能够满足其效益价值，还期望能够展示自身的社会形象。

4）经济价值

经济价值是指对个性化产品为客户所提供利益的经济参量。客户在使用或购买个性化产品时需要付出一定的代价，包括货币成本及非货币成本。而客户通常具有经济人的一面，会对所感知到的利得与利失进行权衡以全面衡量所获得的产品。因而，企业应关注客户所关注的经济价值要素，以使所提供的个性化产品达到客户感知利得与利失之间的最佳权衡。

3.2.4 客户价值需求属性层

作为个性化产品客户价值需求层次模型的底层，客户价值需求属性层表达了完成价值结果的具体价值要素，即客户所关注的个性化产品的属性，是连接客户与产品的关键，也是客户价值需求识别的目的。由于个性化产品的客观存在性，客户价值需求属性层较为具体，但是个性产品的多样化、多变化导致该层的构成要素稳定性较差。本书对结果层中四个维度的价值进一步细分，对各维度中具有普遍性的价值要素进行了详细描述,效用价值要素见表 3-1,情感价值要素见表 3-2,社会价值要素见表 3-3,经济价值要素见表 3-4。在实际应用中,本层次的细分可以有效引导客户针对具体的个性化产品系统地表达自身的价值需求或指导需求工程师全面地挖掘客户的价值需求。

表 3-1　效用价值要素

序号	价值要素项	价值要素子项	描述
1	性能	功能符合性	所需产品功能的满足情况
2		工效实用性	产品工作效率的高低情况
3		技术创新性	所应用技术的创新程度
4	结构	布局	整体结构布局的合理或紧凑性
5		材质	产品组成材料要确保质量的稳定性
6	可靠性	人机安全性	运行过程中需要保证操作人员及所使用产品的安全
7		操作可靠性	产品操作过程的可靠性
8		使用寿命	产品的耐用程度
9	维修性	可再造性	对报废产品的再制造利用程度
10		维修方便性	产品维修的及时性与有效性

表 3-2　情感价值要素

序号	价值要素项	价值要素子项	描述
1	造型美观性	外观	运用形状、图案、色彩等对产品的外表进行设计,使产品呈现美感
2		内饰	产品内部装饰的风格或美观程度
3	舒适性	操作舒适性	客户在产品操作过程中的舒适程度
4		维修舒适性	客户在产品维修过程中的舒适程度

表 3-3　社会价值要素

序号	价值要素项	价值要素子项	描述
1	身份象征	定制程度	客户参与产品定制,以满足自身的个性化需求
2		文化适应度	产品与客户文化背景及特征相符合

序号	价值要素项	价值要素子项	描述
3		节能	产品满足社会节能标准规范要求
4	环境适应性	噪声	噪声满足具体的标准规范要求
5		污染排放	产品对环境的污染程度符合环保要求

表 3-4　经济价值要素

序号	价值要素项	价值要素子项	描述
1	购买成本	产品价格	客户购买产品的一次性支出
2		设备交货期	客户从下单到获得产品所需要的时间
3	使用成本	人力成本	产品使用过程所需要的劳动力成本
4		能源消耗	产品使用过程中所消耗能源的成本
5	维修成本		客户在产品维修过程中所需付出的人力、时间等成本

3.2.5　客户价值需求表达

为了有效地表达客户的价值需求及便于后续的决策计算，本节用数学形式对其进行描述。在客户价值层次模型中，客户的价值目标可以看作多个维度价值的并集，包括效用价值、情感价值、社会价值及经济价值，表示如下：

$$\text{CVT} = \{\text{CV}_1, \text{CV}_2, \cdots, \text{CV}_k, \cdots, \text{CV}_n\} \quad (k = 1、2、\cdots、n)$$

其中，CVT 表示客户的价值目标，CV_k 分别表示客户在第 k 个维度上的价值，且 $\forall \text{CV}_i, \text{CV}_j, \exists \text{CV}_i \bigcap \text{CV}_j = \varnothing (i \neq j)$，$\text{CVT} \subset \text{CV}_1 \bigcup \text{CV}_2 \bigcup \cdots \bigcup \text{CV}_k \bigcup \cdots \bigcup \text{CV}_n$。

不同维度的客户价值 CV_k 由一系列不可再分解的价值要素 CVE 组成，可以表示为

$$\text{CV}_k = \{\text{CVE}_{k1}, \text{CVE}_{k2}, \cdots, \text{CVE}_{kl}, \cdots, \text{CVE}_{km_k}\} \quad (l = 1、2、\cdots、m_k)$$

其中，CVE_{kl} 表示第 k 个维度上客户价值的第 l 项要素。

在客户价值需求收集过程中，客户通过需求值表达其对所关注价值要素的期望水平。考虑到客户价值需求的模糊性，客户在实际中通常应用主观评价表

达客户价值需求值,因此本书采用 0～1 的评分值来度量客户价值需求值。客户价值要素 CVE_{kl} 的需求值可表示为 V_{kl},且 $V_{kl} \in [0, 1]$。

基于以上描述,某个客户的价值需求可以由一个向量进行表达,如下所示:

$$\boldsymbol{C} = \{V_{kl} \mid V_{kl} \in [0, 1], k = 1, 2 \cdots n, l = 1, 2 \cdots m_k\}$$

3.3　基于二元语义模糊 Kano 模型的客户价值需求分析

客户价值的差异性导致不同的客户价值需求对客户的购买决策及企业的产品设计决策具有不同的影响。那么如何表达客户价值需求之间的差异性? 首先,对于这个问题需要进行客户价值需求类别及重要度分析,基于此确定客户价值需求的优先排序,引导企业在需求满足过程中合理分配资源,达到以最小资源投入获得最大顾客满意度的目的。其次,由于个性化产品客户价值需求的不确定性及人类思维的模糊性,决策者往往应用语言变量而非清晰数值来表达其模糊决策信息,然而决策者教育背景、经验知识及对产品认识程度的不同,使得决策者倾向于采用不同粒度的模糊语言变量集以自由表达决策,这就形成了多粒度语言决策信息。再次,传统的客户价值需求重要度分析方法中基于 Kano 类别对客户价值需求的重要度进行调整,其中调整系数的设置取决于决策者的主观经验,随机性较强[106],同时现有方法缺乏基于已有评价信息挖掘客户价值需求的客观权重,这些导致客户价值需求重要度存在较大的主观性。

为此,本书将二元语义的概念引入 Kano 模型中以处理客户价值需求分析过程中的多粒度语言环境,从而构建了二元语义模糊 Kano 模型(2 - tuple linguistic fuzzy Kano's model, TL - FKM),基于此实现客户价值需求的分类。然后对 TL - FKM 进行全面系统的定量分析以对客户价值需求进行优先排序,该定量分析过程中,首先,确定决策者赋予客户价值需求的主观重要度;其次,根据客户价值需求的类别分布通过最大偏差法计算客户价值需求的客观重要度;再次,针对不同类别客户价值需求对满意度贡献的不同,应用模糊对数最小二乘法确定客户价值需求在满意度实现方面的重要度,即满意重要度;最后,对客户价值需求的主观重要度、客观重要度及满意重要度进行集成,确定客户价值需求的最终重要度。图 3 - 2 所示为客户价值需求分析流程。

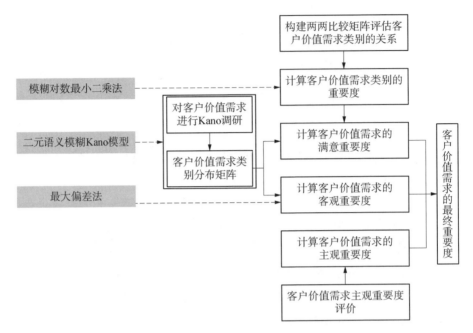

图 3-2 客户价值需求分析流程

3.3.1 二元语义表示模型

二元语义表示模型用由语言标度和数字形成的二元组(s_i, α_i)来表示语言评价信息,其中s_i是预定义语言标度集$S = \{s_0, \cdots, s_g\}$中的一个语言标度,α_i表示与s_i所代表位置之间的距离。该模型是一种连续型的模糊语义表达模型,能够有效减少集成过程中的信息损失[192-193]。下面给出与二元语义有关的运算算子。

定义 3-1:设s_i是语言标度集S中的一个语言标度,则存在函数θ将其转换为二元语义形式:

$$\theta : S \rightarrow S \times [-0.5, 0.5)$$
$$\theta(s_i) = (s_i, 0), s_i \in S \qquad (3-1)$$

定义 3-2:设$S = \{s_0, \cdots, s_g\}$是一个语言标度集,$\beta \in [0, g]$是一个数值,则存在函数Δ将β转换为对应的二元语义:

$$\Delta : [0, g] \rightarrow S \times [-0.5, 0.5)$$

$$\Delta(\beta) = (s_i, \alpha) = \begin{cases} s_i, & i = \mathrm{Round}(\beta) \\ \alpha = \beta - i, & \alpha \in [-0.5, 0.5) \end{cases} \qquad (3-2)$$

其中, Round(・)是常用的四舍五入取整运算。

定义 3 - 3: 设 $S = \{s_0, \cdots, s_g\}$ 是一个语言标度集, 将二元语义 (s_i, α) 转化为其等价数值 $\beta \in [0, g]$ 的逆函数 Δ^{-1} 可以定义为

$$\Delta^{-1} : S \times [-0.5, 0.5) \rightarrow [0, g]$$
$$\Delta^{-1}(s_i, \alpha) = i + \alpha = \beta \qquad (3-3)$$

定义 3 - 4: 设 $x = \{(s_1, \alpha_1), \cdots, (s_n, \alpha_n)\}$ 是一组二元语义, $w = (w_1, \cdots, w_n)^{\mathrm{T}}$ 是其对应的权重集合, 其中 $w_i \in [0, 1]$, $i = 1$、2、$\cdots$、n, $\sum_{i=1}^n w_i = 1$, 则二元语义加权平均算子 φ 可以定义为

$$\varphi(x) = \Delta\left[\sum_{i=1}^n \Delta^{-1}(s_i, \alpha_i) \cdot w_i\right] = \Delta\left(\sum_{i=1}^n \beta_i \cdot w_i\right) \qquad (3-4)$$

定义 3 - 5: 设 $S^a = \{s_0^a, \cdots, s_{a-1}^a\}$ 与 $S^b = \{s_0^b, \cdots, s_{b-1}^b\}$ 是两个语言标度集, 则二元语义转换函数可以定义为

$$TF_a^b : \overline{S^a} \rightarrow \overline{S^b}$$
$$TF_a^b(s_i^a, \alpha_i^a) = \Delta\left[\frac{\Delta^{-1}(s_i^a, \alpha_i^a) \cdot (b-1)}{a-1}\right] = (s_j^b, \alpha_j^b) \qquad (3-5)$$

3.3.2　基于二元语义模糊 Kano 模型的客户价值需求分类

根据客户价值需求的变动情况, 个性化产品的客户价值需求主要分为基本需求、定制需求及个性需求。图 3 - 3 是由 Kano 博士提出的客户价值需求表现与客户满意度的关系曲线, 依据该曲线, 客户价值需求被划分为基本需求、期望需求和兴趣需求[194]。根据需求性能水平的可变动范围由小到大排序, 基本需求<期望需求<兴趣需求。Kano 模型中的基本需求是客户必不可少的价值需求;期望需求是被一部分客户普遍接受, 可供客户定制的价值需求, 属于定制需求;兴趣需求是客户为了满足自身偏好而提出的个性需求。因此, Kano 模型可以用于个性化产品客户价值需求的分类, 结合个性化产品客户价值需求分析过程中的多粒度模糊语言信息, 本书应用二元语义表示模型对 Kano 模型进行改进, 构建了 TL - FKM 进行客户价值需求分类。

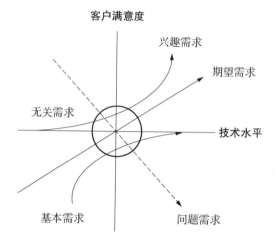

图 3 - 3　Kano 模型[194]

假设 M 个调研对象 $C_k(k=1、2、\cdots、M)$ 参与分析 N 个客户价值需求 $CR_i(i=1、2、\cdots、N)$。$S^{T_k}=\{s_0^{T_k}, \cdots, s_{(T_k-1)}^{T_k}\}$ 为调研对象 C_k 应用的语言标度集，$S^5=\{s_0^5=\text{DL(不喜欢)}, s_1^5=\text{(可忍受)}, s_2^5=\text{NT(中立)}, s_3^5=\text{MB(必须这样)}, s_4^5=\text{LK(喜欢)}\}$ 是基本语言标度集。基于以上假设，应用 TL - FKM 进行客户价值需求分类的基本步骤为：

（1）设计二元语义模糊 Kano 问卷。TL - FKM 与传统 Kano 模型 (traditional Kano' model, TKM) 最大的不同在于 Kano 问卷的设计。第一，TKM 的问卷中正反问题的回答只有一个语言标度集，而 TL - FKM 则可以有 $2n+1$ 个语言标度集供调研对象选择，其中 $n=1、2、3\cdots$；第二，TKM 的问卷调研只允许客户选择一个语言标度表达评价信息，而 TL - FKM 的问卷调研中，客户采用由语言标度及数字组合形成的二元语义模型 (s_i, α_i) 来表达评价信息；第三，本书在 Kano 调研中引入了客户价值需求主观重要度评价。TKM 与 TL - FKM 的问卷分别见表 3 - 5、图 3 - 4。

表 3 - 5　传统 Kano 问卷[194]

问　题	喜欢	必须这样	中立	可忍受	不喜欢
正向问题：如果该产品可以满足这个需求，你的感受是什么？		√			
反向问题：如果该产品不满足这个需求，你的感受是什么？				√	

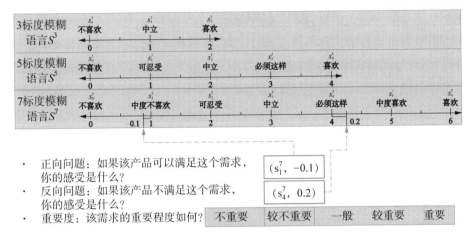

图 3-4　二元语义模糊 Kano 问卷

（2）二元语义模糊 Kano 问卷中，调研对象 C_k 关于客户价值需求 CR_i 的正反向问题的回答分别表示为 $(s_u^{T_k}, \alpha_u^{T_k})_{F,i}$、$(s_v^{T_k}, \alpha_v^{T_k})_{D,i}$。式（3-5）所示的转化算子将 $(s_u^{T_k}, \alpha_u^{T_k})_{F,i}$、$(s_v^{T_k}, \alpha_v^{T_k})_{D,i}$ 统一转化为由基本语言标度集 S^5 表示的二元语义评价信息，如下所示：

$$TF_{T_k}^5 \left[(s_u^{T_k}, \alpha_u^{T_k})_{F,i} \right] = \Delta \left\{ \frac{\Delta^{-1} \left[(s_u^{T_k}, \alpha_u^{T_k})_{F,i} \cdot 4 \right]}{T_k - 1} \right\} = (s_p^5, \alpha_p^5)_{F,i}^k$$

$$(3-6)$$

$$TF_{T_k}^5 \left[(s_v^{T_k}, \alpha_v^{T_k})_{D,i} \right] = \Delta \left\{ \frac{\Delta^{-1} \left[(s_v^{T_k}, \alpha_v^{T_k})_{D,i} \cdot 4 \right]}{T_k - 1} \right\} = (s_q^5, \alpha_q^5)_{D,i}^k$$

$$(3-7)$$

式中　$(s_p^5, \alpha_p^5)_{F,i}^k$ 和 $(s_p^5, \alpha_p^5)_{D,i}^k$ —— 分别为由基本语言标度集 S^5 表示的 Kano 正反向问题的评价信息。

（3）计算调研对象 C_k 的正向问题评价信息对第 x 项基本语言标度的隶属度 $m_{s_x^5} \left[(s_p^5, \alpha_p^5)_{F,i}^k \right]$，如下所示：

$$m_{s_x^5} \left[(s_p^5, \alpha_p^5)_{F,i}^k \right] = \begin{cases} 1 - |\alpha_p^5| & x = p \\ \alpha_p^5 & \alpha_p^5 \geqslant 0, \ x = p+1 \\ |\alpha_p^5| & \alpha_p^5 < 0, \ x = p-1 \\ 0 & 否则 \end{cases}$$

$$(3-8)$$

式中　$m_{s_x^5}(\cdot)$——语言标度 s_x^5 的隶属函数，$s_x^5 \in S^5$。

客户价值需求 CR_i 正向问题调研结果的基本语言标度隶属向量为 $\boldsymbol{Fun}_i^k = \{m_{s_x^5}[(s_p^5, \alpha_p^5)_{F,i}^k], x=0、1、\cdots、4\}$。同理，调研对象 C_k 的反问题评价信息对第 x 项基本语言标度的隶属度 $m_{s_y^5}[(s_q^5, \alpha_q^5)_{D,i}^k]$ 可以表示为

$$m_{s_y^5}[(s_q^5, \alpha_q^5)_{D,i}^k]=\begin{cases} 1-|\alpha_q^5| & y=q \\ \alpha_q^5 & \alpha_q^5 \geqslant 0,\ y=q+1 \\ |\alpha_q^5| & \alpha_q^5 < 0,\ y=q-1 \\ 0 & 否则 \end{cases} \qquad (3-9)$$

客户价值需求 CR_i 反向问题调研结果的基本语言标度隶属向量为 $\boldsymbol{Dys}_i^k = \{m_{s_y^5}[(s_q^5, \alpha_q^5)_{D,i}^k]，y=0、1、\cdots、4\}$。

（4）根据上一步所得到的调研对象 C_k 对客户价值需求 CR_i 的偏好信息生成一个 5×5 阶的交互矩阵 $\boldsymbol{MD}_i^k$：

$$\boldsymbol{MD}_i^k = (\boldsymbol{Fun}_i^k)^{\mathrm{T}} \times (\boldsymbol{Dys}_i^k) \qquad (3-10)$$

$$MD_{ixy}^k = m_{s_x^5}[(s_p^5, \alpha_p^5)_{F,i}^k] \times m_{s_y^5}[(s_q^5, \alpha_q^5)_{D,i}^k] \qquad (3-11)$$

式中　MD_{ixy}^k——矩阵 $\boldsymbol{MD}_i^k$ 中坐标为 $(x，y)$ 的元素。

（5）将矩阵 $\boldsymbol{MD}_i^k$ 中的元素值与 Kano 评估表（表 3-6）中客户价值需求的类别对应，得到客户价值需求 CR_i 对第 h 项客户价值需求类别的隶属度 PD_{ih}^k：

表 3-6　Kano 评估表[194]

正向问题		反向问题				
		0	1	2	3	4
		喜欢	必须这样	中立	可忍受	不喜欢
0	喜欢	Q	P	P	P	C
1	必须这样	R	I	I	I	B
2	中立	R	I	I	I	B
3	可忍受	R	I	I	I	B
4	不喜欢	R	R	R	R	Q

$$PD_{ih}^{k} = \sum_{(x, y)}^{E_h} MD_{ixy}^{k} \qquad (3-12)$$

式中　E_h——Kano 评估表中第 h 项客户价值需求类别所在坐标的集合（$h=$ 1、2、…、H），分别表达客户价值需求的类别:基本需求(B)、定制需求(C)、个性需求（P）、无关需求（I）、反向需求（R）、问题需求（Q）。如 $E_1 =$ $\{(1,4),(2,4),(3,4)\}$，则由调研对象 C_k 对客户价值需求 CR_i 的偏好信息所对应的需求类别隶属度向量为 $\boldsymbol{PD}_i^k = (PD_{i1}^k, \cdots, PD_{ih}^k)$。

（6）对参与评价客户价值需求 CR_i 的所有调研对象重复步骤(2)~(5)，统计每个调研对象对该项客户价值需求的需求类别隶属度向量,其总体类别隶属度向量 $\boldsymbol{PD}_i$ 为

$$\boldsymbol{PD}_i = \frac{\sum_{k=1}^{M} PD_i^k}{M} \qquad (3-13)$$

客户价值需求属于最高隶属度值所对应的类别。将客户价值需求的类别隶属度向量集合起来构成客户价值需求的类别分布矩阵 $\boldsymbol{PD}$:

$$\boldsymbol{PD} = (\overline{\mathrm{PD}_{ij}})_{N \times H} \qquad (3-14)$$

3.3.3　客户价值需求主观重要度

本书在二元语义模糊 Kano 问卷调研中设计了自我评估重要度问题以确定客户价值需求的主观重要度。调研对象基于一个具体的语言标度集 $S =$ $(s_0, s_1, \cdots, s_{T-1})$ 来评价每一项客户价值需求的初始权重。客户价值需求主观权重的计算步骤如下:

（1）首先计算客户价值需求 CR_i 评价信息中语言标度 s_t 出现的频率 f_{it}:

$$f_{it} = \frac{n_{it}}{\sum_{t=0}^{T-1} n_{it}} \qquad (3-15)$$

式中　n_{it}——客户价值需求 CR_i 评价信息中语言标度 s_t 出现的次数。

（2）式(3-1)与式(3-3)所示的二元语义算子计算客户价值需求 CR_i 的绝对主观重要度 w_i^{sub}:

$$w_i^{\text{sub}} = \sum_{t=0}^{T-1} \Delta^{-1}[\theta(s_t)] \cdot f_{it} \tag{3-16}$$

（3）将客户价值需求 CR_i 的绝对主观重要度 w_i^{sub} 进行归一化，得到主观重要度 nw_i^{sub}：

$$nw_i^{\text{sub}} = \frac{w_i^{\text{sub}}}{\sum_{i=1}^{N} w_i^{\text{sub}}} \tag{3-17}$$

所有客户价值需求的主观重要度可以表示为向量：

$$\boldsymbol{NW}^{\text{sub}} = (nw_1^{\text{sub}}, nw_2^{\text{sub}}, \cdots, nw_N^{\text{sub}}) \tag{3-18}$$

3.3.4 客户价值需求客观重要度

客户价值需求的客观重要度是通过应用客观方法求解数学模型而得到的，包括信息熵法、标准偏差法、最大偏差法等[37, 195]。Wang[54]应用信息熵来衡量产品属性在 Kano 类别的离散分布情况以确定产品属性的客观重要度。该研究认为如果一个产品属性在 Kano 类别之间的分布波动比较小，则该属性拥有较低的重要度，反之亦然。基于此，我们可以推出，在式（3-14）所表达的客户价值需求类别评价结果中，如果客户价需求 CR_i 的类别隶属度向量中各元素之间的差异比较小，表示 CR_i 在类别分析中所起的作用不大，则应赋予 CR_i 较低的重要度；反之，如果客户价需求 CR_i 的类别隶属度向量中各元素之间的差异比较大，则 CR_i 的类别属性比较明显，在类别分析中作用比较大，应赋予较高的重要度。

偏差是反映差异程度的关键指标。根据上述分析，一组合理的客户价值需求客观权重应使所有客户价值需求对所有类别隶属度的总偏差度最大，这样有利于客户价值需求的分类。这一基本思想要求构建最大偏差模型以确定客户价值需求的客观权重。将客户价值需求 CR_i 的绝对客观重要度记为 w_i^{ob}，则各客户价值需求的绝对客观重要度记为 $W^{\text{ob}} = (w_1^{\text{ob}}, \cdots, w_i^{\text{ob}}, \cdots, w_N^{\text{ob}})$。根据文献[196]，对于客户价值需求 CR_i，用 $D_{ij}(W^{\text{ob}})$ 表示其第 j 项需求类别的隶属度与其他需求类别隶属度之间的偏差度，则可定义为

$$D_{ij}(W^{\mathrm{ob}}) = \sum_{k=1}^{H} |\overline{\mathrm{PD}}_{ij} - \overline{\mathrm{PD}}_{ik}| w_i^{\mathrm{ob}} \quad (i=1、2、\cdots、N;\ j=1、2、\cdots、H)$$

$$(3-19)$$

用 $D_i(W^{\mathrm{ob}})$ 表示客户价值需求 CR_i 的所有需求类别隶属度与其他需求类别隶属度之间的总偏差度,则可描述为

$$D_i(W^{\mathrm{ob}}) = \sum_{j=1}^{H} D_{ij}(W^{\mathrm{ob}}) = \sum_{j=1}^{H} \sum_{k=1}^{H} |\overline{PD}_{ij} - \overline{PD}_{ik}| w_i^{\mathrm{ob}} \quad (i=1、2、\cdots、N)$$

$$(3-20)$$

合理的客户价值需求的绝对客观重要度 W^{ob} 应使所有客户价值需求对所有类别隶属度的总偏差度最大。为此,构造目标函数为

$$\mathrm{Max}\, D(W^{\mathrm{ob}}) = \sum_{i=1}^{N} D_i(W^{\mathrm{ob}}) = \sum_{i=1}^{N} \sum_{j=1}^{H} \sum_{k=1}^{H} |\overline{PD}_{ij} - \overline{PD}_{ik}| w_i^{\mathrm{ob}} \quad (3-21)$$

为了便于求解,假定各项客户价值需求的客观重要度满足单位化约束条件,则

$$\sum_{i=1}^{N} (w_i^{\mathrm{ob}})^2 = 1 \tag{3-22}$$

综合以上分析,求解客户价值需求客观重要度的优化模型可以表示为

$$\mathrm{Max}\, D(W^{\mathrm{ob}}) = \sum_{i=1}^{N} D_i(W^{\mathrm{ob}}) = \sum_{i=1}^{N} \sum_{j=1}^{H} \sum_{k=1}^{H} |\overline{PD}_{ij} - \overline{PD}_{ik}| w_i^{\mathrm{ob}}$$

$$\mathrm{s.\,t.} \begin{cases} \sum\limits_{i=1}^{N} (w_i^{\mathrm{ob}})^2 = 1 \\ w_i^{\mathrm{ob}} \geqslant 0 \quad (i=1、2、\cdots、N) \end{cases} \tag{3-23}$$

式(3-23)是一个非线性规划模型,借鉴 Li 等[197] 的求解过程,w_i^{ob} 的计算公式为

$$w_i^{\mathrm{ob}} = \frac{\sum\limits_{j=1}^{H} \sum\limits_{k=1}^{H} |\overline{PD}_{ij} - \overline{PD}_{ik}|}{\sqrt{\sum\limits_{i=1}^{N} \left(\sum\limits_{j=1}^{H} \sum\limits_{k=1}^{H} |\overline{PD}_{ij} - \overline{PD}_{ik}| \right)^2}} \quad (i=1、2、\cdots、N) \tag{3-24}$$

由客户价值需求的客观权重一般都满足归一化约束条件，对 w_i^{ob} 进行归一化，即得到

$$nw_i^{\mathrm{ob}} = \frac{w_i^{\mathrm{ob}}}{\sum\limits_{i=1}^{N} w_i^{\mathrm{ob}}} \quad (i = 1、2、\cdots、N) \tag{3-25}$$

则可将各项客户价值需求的客观重要度记为

$$NW^{\mathrm{ob}} = (nw_1^{ob}，nw_2^{ob}，\cdots，nw_N^{ob}) \tag{3-26}$$

3.3.5　客户价值需求满意重要度

Kano 模型通过客户价值需求与满意度之间关系的分析对客户价值需求进行分类，表明设计者需要对客户价值需求给予区别关注以使产品达到期望的客户满意度。本节用满意重要度表达客户价值需求在产品达到期望客户满意度中的优先排序。

将 Kano 模型中客户价值需求的类别集合（B，C，P，I，R，Q）用向量 $\boldsymbol{KC} = \{KC_1，\cdots，KC_H\}$ 表示，用 $KW = \{KW_1，\cdots，KW_H\}$ 表示类别向量 $\boldsymbol{KC}$ 对应的重要度向量。在不同的企业发展战略下，需求类别的优先排序也不尽相同。本书通过建立需求类别间的重要度模糊两两比较矩阵来确定需求类别的重要度。

假定 K 个有经验的决策者（$k = 1、2、\cdots、K$）参与评价需求类别的重要度，由于难以应用精确数表达两两比较信息，评价过程中采用语言术语，并用三角模糊数表达。第 k 个决策者 DM_k 给出的需求类别 KC_i 相比需求类别 KC_j 重要性程度用三角模糊数表示为 $\widetilde{a}_{ij}^k = (a_{ijl}^k，a_{ijm}^k，a_{iju}^k)$，则决策者 DM_k 的评价信息可表达为由三角模糊数构成的两两比较矩阵 $\widetilde{\boldsymbol{A}}^k$。

$$\widetilde{\boldsymbol{A}}^k = \begin{bmatrix} (1, 1, 1) & (a_{12l}^k, a_{12m}^k, a_{12u}^k) & \cdots & (a_{1Hl}^k, a_{1Hm}^k, a_{1Hu}^k) \\ (a_{21l}^k, a_{21m}^k, a_{21u}^k) & (1, 1, 1) & \cdots & (a_{2Hl}^k, a_{2Hm}^k, a_{2Hm}^k) \\ \vdots & \vdots & \ddots & \vdots \\ (a_{H1l}^k, a_{H1m}^k, a_{r1u}^k) & (a_{H2l}^k, a_{H2m}^k, a_{H2u}^k) & \cdots & (1, 1, 1) \end{bmatrix}$$

$$\tag{3-27}$$

当 $i \neq j$，$(a_{jil}^k, a_{jim}^k, a_{jiu}^k) = (1/a_{ijl}^k, 1/a_{ijm}^k, 1/a_{iju}^k)$；当 $i = j$ 时，$(a_{jil}^k, a_{jim}^k,$

$a_{jiu}^{k}) = (1, 1, 1)$。

　　基于模糊两两比较矩阵的客户价值需求类别评价是一个典型的群决策问题,Wang 等[198]提出的模糊对数最小二乘法是一种基于约束的非线性优化模型,可充分利用模糊两两比较矩阵中的信息并进行求解。因此,本书采用模糊对数最小二乘法求解客户价值需求类别的权重,客户价值需求类别 KC_i 的归一化三角模糊权重可表示为 $\widetilde{KW_i} = (KW_{il}, KW_{im}, KW_{iu})$,则对应的优化模型可以表示为

$$
\begin{aligned}
\mathrm{Min}\, f = \sum_{i=1}^{H} \sum_{j=1,\, j\neq i}^{H} \sum_{k=1}^{K} & \big[(\ln KW_{il} - \ln KW_{ju} - \ln a_{ijl}^{k})^2 \\
& + (\ln KW_{im} - \ln KW_{jm} - \ln a_{ijm}^{k})^2 \\
& + (\ln KW_{iu} - \ln KW_{jl} - \ln a_{iju}^{k})^2 \big]
\end{aligned}
$$

$$
\mathrm{s.\,t.} \begin{cases}
KW_{il} + \displaystyle\sum_{j=1,\, j\neq i}^{H} KW_{ju} \geqslant 1 \\[2mm]
KW_{iu} + \displaystyle\sum_{j=1,\, j\neq i}^{H} KW_{jl} \leqslant 1 \\[2mm]
\displaystyle\sum_{i=1}^{H} KW_{im} = 1 \\[2mm]
\displaystyle\sum_{i=1}^{H} (KW_{iu} + KW_{il}) = 2 \\[2mm]
0 < KW_{il} \leqslant KW_{im} \leqslant KW_{iu}
\end{cases} \tag{3-28}
$$

　　解该模型可以得到需求类别 KC_i 的归一化三角模糊权重 $\widetilde{KW_i} = (KW_{il}, KW_{im}, KW_{iu})$,对其进行去模糊化处理,得到需求类别 KC_i 的精确重要度:

$$
KW_i = \frac{KW_{il} + 2KW_{im} + KW_{iu}}{4} \tag{3-29}
$$

　　结合 3.2.1 小节中得到的客户价值需求的类别分布向量 $\boldsymbol{PD}_i$,可以得到客户价值需求的绝对满意重要度:

$$
w_i^{\mathrm{Kano}} = \boldsymbol{PD}_i \times KW^{\mathrm{T}} = \sum_{j=1}^{H} \overline{PD}_{ij} \times KW_j \quad (i = 1、2、\cdots、N) \tag{3-30}
$$

　　为了便于处理,根据下式对客户价值需求的绝对满意重要度进行归一化

处理:

$$nw_i^{\text{Kano}} = \frac{w_i^{\text{Kano}}}{\sum_{i=1}^{N} w_i^{\text{Kano}}} \tag{3-31}$$

最后,将各项客户价值需求归一化后的满意重要度表示为

$$NW^{\text{Kano}} = (nw_1^{\text{Kano}}, \ nw_2^{\text{Kano}}, \ \cdots, \ nw_N^{\text{Kano}}) \tag{3-32}$$

3.3.6 客户价值需求最终重要度

最后,将各项客户价值需求归一化后的主观重要度、客观重要度及满意重要度进行乘法集成,从而得到客户价值需求的最终重要度:

$$w_i = \frac{nw_i^{\text{sub}} \times nw_i^{\text{ob}} \times nw_i^{\text{Kano}}}{\sum_{i=1}^{N} nw_i^{\text{sub}} \times nw_i^{\text{ob}} \times nw_i^{\text{Kano}}} \quad (i=1、2、\cdots、N) \tag{3-33}$$

各项客户价值需求的最终重要度可以用向量 $\boldsymbol{W}$ 表示:

$$\boldsymbol{W} = (w_1, \ w_2, \ \cdots, \ w_N) \tag{3-34}$$

第4章 个性化产品的客户价值需求预测与转化技术

个性化产品相关技术的迅速发展加剧了其所处市场环境的变化,同时客户参与性使得客户对个性化产品的认识随着参与度的加深而不断全面化,而客户价值需求具有情境性及主观性,这些使得客户价值需求在市场环境及客户认识变化的驱动下表现出显著的动态不确定性。现实中,从客户价值需求提出到最终产品交付需要一定的时间周期,这期间客户价值需求会发生一系列的变化。如果依据当前客户价值需求规划产品设计,设计过程中可能会出现反复的变更以适应需求的变化,甚至可能导致所开发产品在交付时不被客户接受。因而,企业只有掌握预测客户价值需求变化的方法,准确分析客户价值需求的变化趋势,并将其反映在产品设计中,才能使所设计产品充分满足甚至超越客户的价值需求,从而提高客户满意度。针对该问题,本章提出了客户价值需求预测与转化方法,主要内容包括:①客户价值需求预测及转化问题分析;②客户价值需求的预测;③未来客户价值需求的转化。

4.1 客户价值需求的预测与转化问题分析

与传统研究主要关注于客户价值需求重要度的动态变化不同,个性化产品客户价值需求的动态变化需要考虑四方面的因素,主要为客户价值需求频率、重要度、类别及期望值的变化。而这四个因素的变化并不是相互独立的,它们之间存在一定的关系,这意味着采取传统的预测方法难以实现对个性化产品客户价值需求未来动态的准备把握。因而,对客户价值需求这四个属性的准确预测,是个性化产品开发中的一大挑战。针对此,本章对这四个因素之间的关系进行了探讨。

Kano 模型是客户价值需求分类的常用工具,也表明客户价值需求的类别具有一定的转化周期,但是由于其统计及分析过程的复杂性,难以对客户价值需求的类别进行预测,主要应用于当前客户价值需求的分析。Stone 等[132]提出把频率低、重要度高的客户价值需求作为基本需求,将频率高、重要度低的客户价值需求作为个性需求。这一研究表明频率与重要度是客户价值需求分类的关键依据,同时频率与重要度的统计及预测具有较强的可行性。因此,可以通过客户价值需求频率及重要度的预测来分析客户价值需求的未来类别。

另一方面,客户价值需求的类别事实上是在企业能够满足客户价值需求的前提下,对客户感知偏好的反映,表明了客户价值需求对客户满意度的贡献[44]。为了满足客户的价值偏好,企业将客户价值需求类别作为后续设计活动的关键依据,如设计人员会优先满足客户的基本价值需求,不同的分类方案将导致产品设计方案及企业资源投入的差异化,最终产生不同的客户满意度[199]。若单纯依据客户的价值偏好对客户价值需求进行分类以提高满意度,而忽略企业的生产能力约束,那么以分类结果作为决策所产生的设计方案可能会超过企业的生产能力,导致设计方案的不合理;反之,若不考虑客户的价值偏好,则会导致设计方案客户满意度的降低。由此可知,合理的客户价值需求分类应该同时考虑客户的满意度及企业的生产能力,以此为决策依据所产生的设计方案应该达到客户满意度及企业投入的最优权衡。

此外,由于客户价值需求的抽象性,未来客户价值需求的期望值往往是通过可具体衡量的技术特性的目标满足水平来确定的。基于 QFD 建立客户价值需求及产品技术特性之间的关联关系来实现未来客户价值需求向技术特性的转化,以客户满意度及企业投入的最优权衡为目标确定技术特性的目标满足水平,再将技术特性的目标满足水平转化为未来客户价值需求的期望值。

综上所述,全面的个性化产品客户价值需求预测需要在预测的基础上对客户价值需求进行转化,整个预测及转化流程如图 4-1 所示:客户价值需求频率及重要度的预测;构建基于频率及重要度的未来客户价值需求类别分析模型;将客户价值需求未来类别分析模型与 QFD 集成,实现未来客户价值需求向技术特性的转化;建立未来客户价值类别及技术特性目标满足水平优化模型;对优化模型进行求解,得到未来客户价值需求的类别及技术特性的目标满足水平,并将技术特性的目标满足水平转化为未来客户价值需求的期望值。

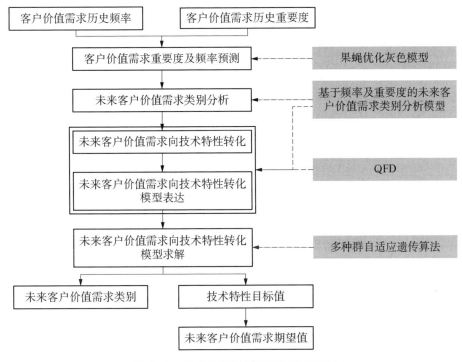

图 4‑1　客户价值需求预测与转化流程

4.2　客户价值需求预测方法与模型

4.2.1　客户价值需求重要度及频率预测方法

前面 2.1.3 与 2.2.3 节对客户价值需求预测方法进行了总结,并指出现有方法存在一定的局限性。其中,$GM(1,1)$模型作为一种常用的预测模型,它所需原始数据少,最少 4 个样本数据就可以进行预测,且建模简单、计算量较小,适用于客户价值需求重要度及频率的预测,但传统 $GM(1,1)$模型中关键参数取值存在较强的主观性,需要对关键参数值进行优化。果蝇算法是一种群体智能优化算法,容易理解,实现简单,但易陷入局部最优[200]。因而,本书对基本果蝇算法加以改进,提出了改进果蝇算法(improved fruit fly algorithm,IFOA),并用以优化 $GM(1,1)$模型的参数,从而构建了 IFOA 优化的$GM(1,1)$

模型,简称 $IFOAGM(1,1)$。然后,应用 $IFOAGM(1,1)$ 模型预测客户价值需求的重要度及频率。

1) IFOA

设 $Z=[z(1),z(2),\cdots,z(i),\cdots,z(n)]$ 为非负时间序列,其中 n 为时间点的数量且 $n\geqslant4$,$z(i)$ 为 i 时刻数据的历史值。

本书构建的 $IFOAGM(1,1)$ 模型时间响应式为

$$\hat{z}(t)=(1-e^a)\left[cz(1)-\frac{b}{a}\right]e^{-a(t-1)}\quad(t=1、2、\cdots、n)\quad(4-1)$$

式中　$\hat{z}(t)$——由该模型在 t 时刻的预测值;

a、b——分别为预测模型的发展系数与灰作用量;c 为初值修正系数。

根据式(4-1),可对 $t+1$ 时刻的数据取值进行预测。在该模型中,影响模型预测精度的参数为 a、b、c,这些参数将通过 IFOA 来求解,具体步骤如下:

步骤 1:初始化参数,果蝇种群的个数为 M,每个种群中所包含的果蝇数目为 N,代表需要优化的 N 个参数,最大进化代数为 G。

步骤 2:随机产生 M 个初始种群,每个果蝇的初始位置可以表示为 (x_j^i,y_j^i),其中,$i=1、2、\cdots、N$;$j=1、2、\cdots、M$;进化代数为 $g=0$。

步骤 3:计算果蝇与原点的距离 D_j^i,再计算其味道浓度判定值 S_j^i。

$$D_j^i=\sqrt{(x_j^i)^2+(y_j^i)^2}\quad(4-2)$$

$$S_j^i=\frac{1}{D_j^i}\quad(4-3)$$

步骤 4:将个体的味道浓度判定值 S_j^i 代入适应度函数,以求出种群的味道浓度 F_j。

$$F_j=F(S_j^i,i=1、2、\cdots、N)=\frac{n}{\sum\limits_{t=1}^{n}\left|\dfrac{\hat{z}(t)_j-z(t)}{z(t)}\right|}\quad(4-4)$$

式中　$\hat{z}(t)_j$——将种群 j 中各果蝇的味道浓度值代入式(4-1)所得到的 t 时刻的预测值。

步骤 5:获取该果蝇群体中味道浓度值最大的种群作为精英种群。

$$[\text{best }F,\text{ best Index}]=\max(F)\quad(4-5)$$

步骤 6：记录精英种群的适应度值及其对应个体的味道浓度判断值、坐标。

$$\text{best } F^* = \text{best } F \tag{4-6}$$

$$\text{best } S^i = S^i_{\text{best Index}} \tag{4-7}$$

$$\text{best } x^i = x^i_{\text{best Index}} \tag{4-8}$$

$$\text{best } y^i = y^i_{\text{best Index}} \tag{4-9}$$

步骤 7：按照式(4-10)及式(4-11)更新果蝇的位置坐标。

$$x_j^{i'} = x_j^i + (2\text{rand} - 1) \cdot \frac{k}{\text{best } S^i} \cdot h_j^i \tag{4-10}$$

$$y_j^{i'} = y_j^i + (2\text{rand} - 1) \cdot \frac{k}{\text{best } S^i} \cdot l_j^i \tag{4-11}$$

式中　$\dfrac{k}{\text{best } S^i}$——搜索步长；

　　　k——常数，且 $0.1 < k < 10$；

　　　h_j^i、l_j^i——分别为 x、y 坐标值的自适应调整系数，可表示为

$$h_j^i = \frac{F_{\max} - F_j}{F_{\max} - F_{\min}} \cdot \frac{Dx_j^i}{Dx_{\max}^i} \tag{4-12}$$

$$l_j^i = \frac{F_{\max} - F_j}{F_{\max} - F_{\min}} \cdot \frac{Dy_j^i}{Dy_{\max}^i} \tag{4-13}$$

$$D_{x_j^i} = |\text{best } x^i - x_j^i| \tag{4-14}$$

$$D_{y_j^i} = |\text{best } y^i - y_j^i| \tag{4-15}$$

式中　$F_{\max}$ 与 $F_{\min}$——分别为种群中适应度值的最大值及最小值；

　　　Dx_j^i 与 Dy_j^i——分别为第 j 种群中第 i 个果蝇与最佳种群中对应果蝇 x、y 轴坐标之间的距离；

　　　$Dx_{\max}^i$ 与 $Dy_{\max}^i$——分别为种群中 Dx_j^i 及 Dy_j^i 的最大值。

由式(4-10)～式(4-15)可得，本书根据果蝇所在种群的适应度值及其关于最佳个体之间的距离对搜索步长进行自适应调整。一方面，当种群的适应度值较低时，采用较大的搜索步长，以提高搜索速度；对于适应度值较高的种群，则采用小的搜索步长，以提高搜索精度，避免错过最优解。另一方面，由于同一

种群内的个体分别代表不同的含义,除了考虑所在种群的适应度值,还要根据其与对应最佳个体之间的距离自适应调整搜索步长:个体的搜索步长随其与对应最佳个体关于 x、y 轴距离的增大而增大。

步骤 8:执行步骤 4 与步骤 5,判断新种群的最大适应度值 best F 是否大于 best F^*,如果是则执行步骤 6 替换精英种群,令 $g = g + 1$。

步骤 9:判断 g 是否小于 G,若是则执行步骤 7～步骤 9,否则停止迭代寻优,并输出 best F^* 与 best S^i。

2) 基于 $IFOAGM(1,1)$ 模型的客户价值需求重要度及频率预测

以上 IFOA 输出的最优浓度判定值 best S^i 即为 $IFOAGM(1,1)$ 模型时间响应式(4-1)的参数,根据式(4-1)可分别预测各客户价值需求的重要度及频率。图 4-2 所示为基于 $IFOAGM(1,1)$ 模型预测客户价值需求重要度及

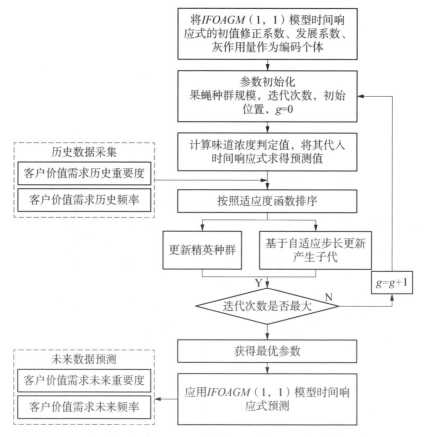

图 4-2　基于 $IFOAGM(1,1)$ 的客户价值需求重要度及频率预测流程

频率的步骤：

步骤 1：收集客户价值需求的历史重要度及频率。

步骤 2：用 IFOAGM(1,1) 模型进行数据预测。

(1) 确定时间响应式：

① 构建 CR_i 重要度的时间序列 $W_i = [w_i(1), w_i(2), \cdots, w_i(m)]$，其中 $i = 1、2、\cdots、n$。

② 执行 IFOA 方法，得到 CR_i 重要度时间响应式(5-1)中的发展系数 a、灰作用量 b、初值修正系数 c。

(2) 根据步骤(1)中确定的时间响应式计算 CR_i 重要度的预测值 $\hat{w}_i(t)$，其中 $t = m+1、m+2、\cdots$。

步骤 3：按照步骤 2，依次获得各项客户价值需求的重要度及频率的预测值。

4.2.2　未来客户价值需求类别分析模型

以 Stone 等[132]的研究为理论依据，认为从基本需求依次到定制需求、个性需求、无关需求，客户价值需求的重要度逐渐降低，频率逐渐增大。基于此，本节提出了一个未来客户价值需求类别分析模型，即客户价值需求重要度与频率分析模型(importance and frequency analysis, IF)。IF 模型以上节预测的未来客户价值需求的重要度及频率为基础，对未来客户价值需求的类别进行了初步划分，如图 4-3 所示。下面对该模型的特征指数、分类指数进行说明。

1) 特征指数

在 IF 模型中，客户价值需求 CR_i 的归一化重要度定义为 I_i，归一化频率定义为 F_i。

$$I_i = \frac{I_i^*}{\max_i I_i^*} \qquad (4-16)$$

$$F_i = \frac{F_i^*}{\max_i F_i^*} \qquad (4-17)$$

其中，I_i^* 与 F_i^* 为 IFOAGM(1,1) 模型预测的未来客户价值需求的重要度及频率。

在图 4-3 中，实数对 (I_i, F_i) 表示客户价值需求 CR_i 在二维坐标图中的

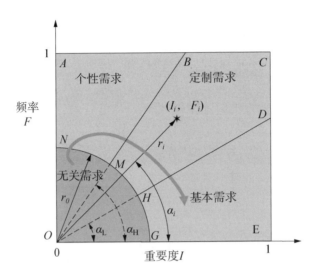

图 4-3　客户价值需求重要度与频率分析模型

位置,且落在 0~1。客户价值需求 CR_i 的特征可以用向量表示,即 $CR_i \sim \vec{r}_i \equiv (r_i, \alpha_i)$,其中 $r_i = |\vec{r}_i| = \sqrt{I_i^2 + F_i^2}$ 表示向量的长度,且 $0 \leqslant r_i \leqslant \sqrt{2}$;$\alpha_i = \tan^{-1}(F_i/I_i)$ 表示向量与横坐标之间的夹角,$0 \leqslant \alpha_i \leqslant \pi/2$。将 r_i 与 α_i 定义为客户价值需求的特征指数。

2) 分类指数

根据客户价值需求在以重要度与频率为坐标轴的二维坐标图中的位置,IF模型将客户价值需求划分为四类:基本需求、定制需求、个性需求和无关需求,如图 4-3 所示。

如果 $r_i \leqslant r_0$,客户价值需求 CR_i 的重要度及频率比较低,被定义为无关需求。图 4-3 中 OGN 形成的扇形为无关需求所在的区域。因而,r_0 被称为无关需求的阈值。

如果 $r_i > r_0$ 且 $\alpha_i \leqslant \alpha_L$,客户价值需求 CR_i 具有较高的重要度、较低的频率,将其划分为基本需求。因而,基本需求所在的区域为 DEGH,α_L 被称为基本需求的阈值。

如果 $r_i > r_0$ 且 $\alpha_i > \alpha_H$,客户价值需求 CR_i 具有较低的重要度,较高的频率,将其划分为个性需求,对应的区域为 ABMN,则 α_H 被称为个性化需求的阈值。

如果 $r_i > r_0$ 且 $\alpha_L < \alpha_i \leqslant \alpha_H$，客户价值需求 CR_i 的重要度及频率处于中间水平，被认为是定制需求，所在区域为 BCDHM。

r_0、α_L、α_H 称为客户价值需求的分类指数，分类指数取值的不同将导致不同的客户价值需求类别划分结果。由分析可知，分类指数的合理取值是产品设计的关键因素，需要针对企业及客户的实际情况进行确定。另外，在确定的分类指数下，客户价值需求的类别随着重要度及频率的变化呈现周期性的演变。如图 4-3 所示，一项无关需求可能依次转变为个性需求、定制需求及基本需求，这一演变过程与 Kano 模型中需求的动态变化过程相一致。

4.3　未来客户价值需求向技术特性的转化

根据未来客户价值需求的重要度及频率确定其在 IF 模型中的位置之后，需要集成 IF 模型及质量屋实现未来客户价值需求向技术特性的转化，并构建以客户满意度及企业投入最优权衡为目标的未来客户价值需求分类指数及技术特性目标满足水平优化模型。通过求解模型确定未来客户价值需求的类别、期望值及技术特性的目标满足水平，为设计人员开展个性化产品的设计规划及模块化配置提供有效而全面的决策支持。

4.3.1　转化模型

考虑到客户价值需求的动态性及其对产品技术特性的影响，本节以质量屋为基础，建立客户价值需求与技术特性之间的关联关系，并引入 IF 模型，以将客户价值需求的动态特性传递到技术特性中，从而为后续未来客户价值需求类别及期望值的优化奠定基础。图 4-4 给出了基于集成 IF 模型及质量屋的未来客户价值需求向技术特性的转化模型，主要由三部分组成。

1）未来客户价值需求分析

这部分表达了未来时刻客户的价值期望，主要信息包括未来客户价值需求的特征指数、目标满足水平及满意度。其中，特征指数是应用 IF 模型对 4.2.1 小节所预测的未来客户价值需求的重要度及频率进行分析得到的。未来客户价值需求的目标满足水平是企业所设计产品对客户价值需求的满足水平，分类指数则是未来客户价值需求类别划分的依据，目标满足水平及分类指数取值的目标是达到客户满意度及企业投入的最佳权衡，需要通过对数学模型的优化求

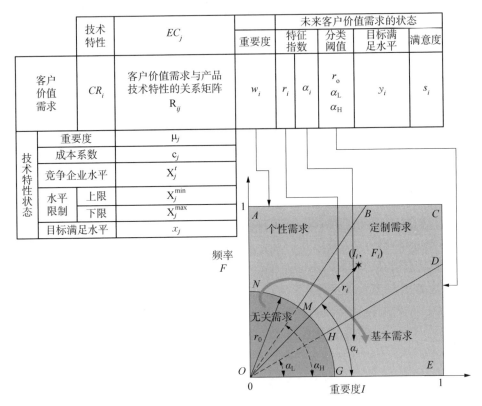

图 4-4 未来客户价值需求向技术特性的转化模型

解而得到。满意度则是根据未来客户价值需求的类别及目标满足水平计算得到。其中未来客户价值需求的目标满足水平、分类指数、满意度是 IF 与 QFD 集成模型的输出信息。

2) 产品技术特性分析

产品技术特性是以工程语言对产品相关特性需求的描述,是设计师用以实现客户价值需求的措施与手段,具有较强的可衡量性。技术特性分析的内容主要包括重要度、成本系数、竞争性评估、约束分析及目标满足水平。成本系数、竞争性评估及约束分析需要设计人员结合设计经验、竞争环境通过量化评估来填充。根据关系矩阵可以将客户价值需求的重要度转化为技术特性的重要度。此外,在综合客户满意度及企业投入的情况下,应用优化方法可以得到所设计产品技术特性的目标满足水平。其中,技术特性的重要度及目标满足水平是 IF 与 QFD 集成模型的输出信息。

3) 构建客户价值需求与产品技术特性之间的关联关系矩阵

设计师确定个性化产品的关键技术特性之后,需要根据设计经验对客户价值需求及产品技术特性之间的关联关系进行量化评价。量化评价中存在大量的模糊信息,已经有大量文献致力于处理模糊关联关系,本书不再对此进行研究,直接采用 0-1-3-5-7-9 测度来量化客户价值需求与技术特性的关联度,其中 0、1、3、5、7、9 分别表示相关强度的无、弱、较弱、中、较强、强。根据客户价值需求与产品技术特性之间的关联关系矩阵可将未来客户价值需求的重要度及目标满足水平转化为技术特性的重要度及目标满足水平。

综上所述,未来客户价值需求向技术特性转化模型的输出信息包括未来客户价值需求的分类系数、目标满足水平、满意度及技术特性的重要度与目标满足水平。其中,未来客户价值需求的分类系数、目标满足水平或技术特性的目标满足水平需要基于 IF 与 QFD 集成模型构建数学模型并应用优化方法计算得到。

4.3.2　转化模型表达

本节对图 4-4 所示模型中的相关信息进行形式化描述,并基于此构建以客户满意度及企业投入最优权衡为目标的数学规划模型,以确定未来客户价值需求的最优分类指数及目标满足水平。根据价值工程中客户价值的构造方法,本模型中的客户价值应用利得与利失的比值来表达,其中客户满意度被认为是客户价值中的利得成分,企业的成本投入被认为是利失成分。下面介绍该数学规划模型中的符号、决策变量、相关参数计算、目标函数及约束条件。

1) 符号定义

$i=1、2、\cdots、m$:客户价值需求的编号;

$j=1、2、\cdots、n$:产品技术特性的编号;

$t=1、2、\cdots、l$:竞争对手的编号;

CR_i:第 i 项客户价值需求,$i=1、2、\cdots、m$;

EC_j:第 j 项产品技术特性,$j=1、2、\cdots、n$;

y_i:CR_i 的满足水平,$j=1、2、\cdots、n$;

x_j^t:第 t 个竞争产品的 EC_j 的满足水平,$j=1、2、\cdots、n$;$t=1、2、\cdots、l$;

R_{ij}:CR_i 与 EC_j 的归一化关联强度系数，$i=1$、2、$\cdots$、m；$j=1$、2、$\cdots$、n；

w_i:CR_i 的重要度，$i=1$、2、$\cdots$、m；

μ_j:EC_j 的重要度，$j=1$、2、$\cdots$、n；

S_i:CR_i 的客户满意度，$i=1$、2、$\cdots$、m；

kc_i:CR_i 的需求类别，$i=1$、2、$\cdots$、m；

c_j:EC_j 的成本系数，$j=1$、2、$\cdots$、n；

C_j:EC_j 的满足水平达到 x_j 所需的成本，$j=1$、2、$\cdots$、n；

S:产品的总体客户满意度；

C:产品的总体成本投入；

V:产品的客户价值。

2）决策变量

x_j:EC_j 的满足水平，$j=1$、2、$\cdots$、n；

r_0:无关需求的分类阈值；

α_L:基本需求的分类阈值；

α_H:个性需求的分类阈值。

3）关系矩阵的归一化

本书中，客户价值需求与技术特性之间的关系矩阵是设计师根据经验采用精确标度的方法进行评估确定的。为了便于计算，需要对关系矩阵进行归一化处理：

$$R_{ij} = \frac{R_{ij}^*}{\sum_{j=1}^{n} R_{ij}^*} \tag{4-18}$$

式中　R_{ij}^*——CR_i 与 EC_j 的原始关联强度系数。

4）产品技术特性取值的规范化

由于各产品技术特性的差异性，各技术特性的衡量单位不尽相同，这导致难以根据其原始取值进行分析评价。产品技术特性取值规范化的目的是将其原始取值转换为相应的满足水平，置入[0，1]区间，以保证各技术特性衡量单位的一致性。另外，根据产品技术特性原始取值与满足水平之间的关系，可以将产品技术特性分为成本型及效益型两大类。其中，效益型技术特性的原始取值越高,其满足水平越高。反之,成本型技术特性的原始取值越高,则其满足水平越低。效益型、成本型产品技术特性的取值分别按式(4-19)、式(4-20)规范化:

$$x_j = \frac{X_j - X_j^{min}}{X_j^{\max} - X_j^{\min}} \tag{4-19}$$

$$x_j = \frac{X_j^{\max} - X_j}{X_j^{\max} - X_j^{\min}} \tag{4-20}$$

式中　　X_j——技术特性 EC_j 的特定取值;

$X_j^{\max}$、$X_j^{\min}$——分别表示技术特性 EC_j 取值的上下限。

5) 客户满意度的表达

企业所设计产品的总体客户满意度是以各客户价值需求满足水平为变量的多变量函数,即

$$S = S(y_1, y_2, \cdots, y_m) = \sum_{i=1}^{m} w_i S_i \tag{4-21}$$

基于 Florez-Lopez 和 Ramon-Jeronimo[201] 提出的近似模型,客户价值需求 CR_i 的客户满意度可以根据 CR_i 的需求类别及其对应的满足水平来计算(图 4-5):

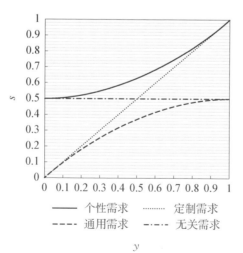

图 4-5　客户价值需求满意度与满足水平之间的关系[196]

$$S_i = S(y_i) = \begin{cases} 0.5y_i^2 + 0.5 & r_i > r_0,\ \alpha_i > \alpha_H\ (\text{个性需求}) \\ y_i & r_i > r_0,\ \alpha_L < \alpha_i \leqslant \alpha_H\ (\text{定制需求}) \\ -0.5y_i^2 + y_i & r_i > r_0,\ \alpha_i \leqslant \alpha_L\ (\text{基本需求}) \\ 0.5 & r_i \leqslant r_0\ (\text{无关需求}) \end{cases}$$

$$(4-22)$$

根据客户价值需求与技术特性之间的关系矩阵,可以将产品技术特性的满足水平 x_j 转化为客户价值需求的满足水平 y_i,如下所示:

$$y_i = \sum_{j=1}^{n} R_{ij} x_j \tag{4-23}$$

6) 成本的表达

个性化产品的优化设计除了要考虑客户满意度,还需要多种资源投入,主要包括开发时间、研制成本、劳动力、先进装备、科学技术等,这些资源投入可以统一表达为开发成本。本书中假设各项技术特性的成本与其满足水平之间为线性关系,则有

$$C = \sum_{j=1}^{n} \mu_j C_j = \sum_{j=1}^{n} \mu_j c_j x_j \tag{4-24}$$

产品技术特性的重要度 μ_j 可由客户价值需求的重要度 w_i 转化而来,即

$$\mu_j = \sum_{i=1}^{m} w_i R_{ij} \tag{4-25}$$

7) 优化模型的建立

客户价值需求未来类别及技术特性目标满足水平的优化问题可以描述为:确定客户价值需求的分类阈值和技术特性的目标满足水平,使得在不违反技术特性满足水平及分类指数约束的情况下,达到所设计产品的客户价值最大化。

基于以上描述,可构建以下优化模型:

$$\max V = \frac{\sum\limits_{i=1}^{m} w_i \cdot S(y_i)}{\sum\limits_{j=1}^{n} \mu_j c_j x_j} \tag{4-26}$$

约束条件为

$$r_0^{\min} \leqslant r_0 \leqslant r_0^{\max} \tag{4-27}$$

$$\alpha_L^{\min} \leqslant \alpha_L \leqslant \alpha_L^{\max} \tag{4-28}$$

$$\alpha_H^{\min} \leqslant \alpha_H \leqslant \alpha_H^{\max} \tag{4-29}$$

$$x_j \geqslant \frac{\sum_{t=1}^{l} x_j^t}{l} \quad (j=1、2、\cdots、m) \tag{4-30}$$

$$0 \leqslant x_j \leqslant 1, (j=1、2、\cdots、m) \tag{4-31}$$

该模型的目标函数由式(4-26)表达,表示客户价值的最大化。约束式(4-27)~式(4-29)为客户价值需求分类阈值的上下限。约束式(4-30)保证了产品技术特性的满足水平不低于竞争产品技术特性满足水平的平均值。约束式(4-31)用以确保产品技术特性满足水平的取值范围为$[0,1]$。

该优化模型的最优解为未来客户价值需求的分类阈值及产品技术特性的目标满足水平。根据分类阈值可以得到未来客户价值需求的类别,根据式(4-23)可得到未来客户价值需求的目标满足水平,然后式(4-19)与式(4-20)的反函数可以得到未来客户价值需求及产品技术特性的目标值。

4.3.3　转化模型求解

4.2.2节所构建的优化模型是一个典型的非线性规划模型,遗传算法(genetic algorithm, GA)在求解该类模型方面具有较强的适用性。但遗传算法容易陷入局部最优且后期搜索效率低。为了克服遗传算法的内在缺陷,针对未来客户价值需求向技术特性转化模型中的具体优化问题,本节提出了多种群自适应遗传算法(multi-population adaptive genetic algorithm, MPAGA),主要改进技术包括:

(1)通过跨世代的多种群纵横双向协同进化流程在种群纵向进化的同时实现种群间跨世代的横向信息交换,可提高寻优效率及种群多样性。

(2)针对具体的优化变量,设计了分段实数编码机制。

(3)为提高算法的收敛速度及全局寻优能力,构建了自适应锦标赛选择机制、自适应交叉和变异算子。

4.3.3.1　算法流程

MPAGA 的具体流程如图 4-6 所示。

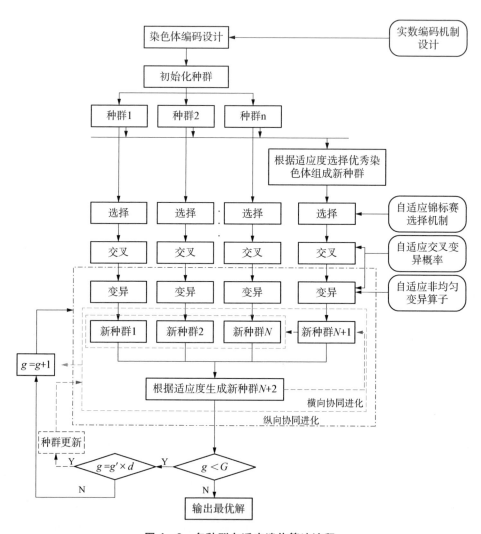

图 4-6   多种群自适应遗传算法流程

步骤 1：初始化相关参数：种群的数目 N，子种群中个体的数目 M，最大进化代数 G，横向进化代数间隔 g' 等。

步骤 2：随机产生满足约束条件的 N 个具有 M 个个体的初始群体，设定进化代数 $g=0$。

步骤 3：将目标函数定义为适应度函数。计算个体的适应度值并根据适应度值进行排序，从当前 N 个种群中选出前 M 个优秀的个体组成第 $N+1$ 种群，记录当前 N 个种群中的最优适应度值 f^* 及其对应的最优个体 φ^*。

步骤 4:令 $g＝g＋1$,对 $N＋1$ 个种群分别进行如下纵向进化操作以生成新种群:

(1) 根据自适应锦标赛选择机制进行选择操作。

(2) 对于在(1)选中的个体按照自适应交叉概率进行交叉操作,并更新种群。

(3) 按照自适应变异概率对种群中的个体进行自适应非均匀变异操作。

步骤 5:根据适应度对新生成的 $N＋1$ 个种群中的个体进行排序,并从中选出前 M 个优秀的个体组成种群 $N＋2$,并记录其中的最优适应度值 f 及其对应的个体 φ。若 $f＞f^*$,则 $\varphi^*＝\varphi$、$f^*＝f$。

步骤 6:若 $g＜G$,则检查进化代数 g 是否满足跨世代横向进化:

- 若 $g\neq g'\times d$,d 为正整数,则转向步骤 4。
- 若 $g＝g'\times d$,则在各种群已纵向进化 d 次后,分别将第 $i(i＝1、2、\cdots、N)$ 个种群与第 $N＋1$ 个种群中的个体混合,并从中选出前 M 个优秀个体来更新第 i 个种群,同时用种群 $N＋2$ 中的个体来替换种群 $N＋1$ 中个体,从而实现了种群间跨世代的横向进化。更新完毕之后,转向步骤 4。

步骤 7:若 $g＝G$,则允许结束,输出最优适应度值 φ^* 及其对应的个体 f^*。

4.3.3.2　算法编码设计

针对该优化模型中的决策变量,本书设计了一种基于未来客户价值需求分类阈值及产品技术特性目标满足水平的分段实数编码方式,每个染色体总共有 $3＋n$ 个基因,分为 2 段,如图 4 - 7 所示。其中,第 1 个基因片段包含 3 个基因,表示未来客户价值需求的分类阈值 r_0、α_L、α_H;第 2 个基因片段包含 n 个基因,表示 n 个产品技术特性的目标满足水平。如图 4 - 7 所示,染色体中的前 3 个基因表示 r_0、α_L、α_H 的值分别为 0.2、0.23、0.91;第 4 到 $3＋n$ 个基因则表示技术特性目标满足水平的取值分别为 0.67、0.78$\cdots$0.88。

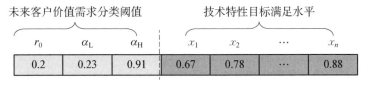

图 4 - 7　染色体编码示例

4.3.3.3　自适应锦标赛选择机制

锦标赛选择通常是从随机从种群中选择一组个体形成竞赛群体，并从中选择具有最高适应度值的个体参与后续的遗传操作。Blickle 和 Thiele[202] 指出锦标赛选择中竞赛规模的增大将导致选择强度及种群多样化损失的加大，但是较小的竞赛规模将导致进化速度的降低。针对此问题，本书设计了自适应锦标赛选择机制，见式(4 - 32)：

$$T = \left[\frac{2}{1 + e^{(5-10g/G)}} - 1\right]\left(\frac{T_{max} - T_{min}}{2}\right) + \frac{T_{min} + T_{max}}{2} \qquad (4-32)$$

式中　　G——最大进化代数；

　　　　g——当前的进化代数；

　　　　T——当前锦标赛的竞赛规模；

T_{max}、T_{min}——分别为竞赛规模的上下限值。

从式(4 - 32)可以看出竞赛规模随进化代数自适应调整，其目的为在进化初期采用较小的竞赛规模来降低选择强度、提高种群多样性，从而避免陷入局部最优；在进化后期则采用较大的竞赛规模以加快搜索速度，如图 4 - 8 所示。

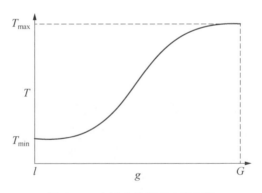

图 4 - 8　自适应锦标赛竞赛规模

4.3.3.4　自适应交叉和变异算子

遗传算法中，交叉和变异算子的作用是增加新的可行解空间以维持种群的多样性，合理的交叉和变异算子是提高遗传算法寻优性能的关键。

1）自适应交叉算子

为了避免遗传算法陷入局部最优，本书设计了自适应交叉概率，见式(4 - 33)。其基本思想为根据适应度值及进化代数对交叉概率进行自适应调整：交叉概率随进化代数的增加而降低,确保进化初期有较强的种群多样性以提高全局搜索能力,在进化后期有较强的局部寻优能力便于尽快收敛到最优解;同时,适应度值低的个体拥有较高的交叉概率以淘汰劣解,而适应度值较高的个体应赋予较低的交叉概率以保留优秀解使其进入遗传进化。图 4-9 所示为自适应交叉概率的变化趋势。

$$P_{\mathrm{c}} = \frac{P_{\mathrm{cmax}} - P_{\mathrm{cmin}}}{2} \left\{ \frac{2\omega_1}{1 + \mathrm{e}^{\left[\frac{10(f' - f_{\min})}{f_{\max} - f_{\min}} - 5\right]}} + \frac{2\omega_2}{1 + \mathrm{e}^{\left(\frac{10g}{G} - 5\right)}} - 1 \right\} + \frac{P_{\mathrm{cmax}} + P_{\mathrm{cmin}}}{2}$$

$$(4-33)$$

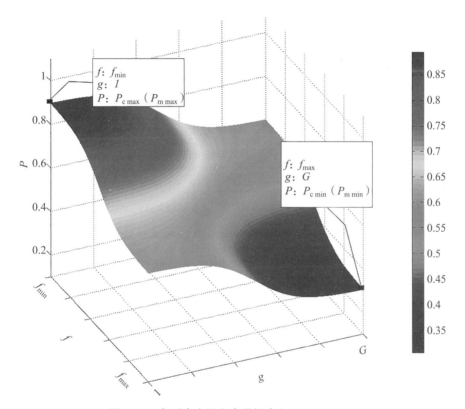

图 4-9　自适应交叉和变异概率($\omega_1 = \omega_2 = 0.5$)

式中　　　　P_{c}——交叉概率;

P_{cmax} 和 P_{cmin}——分别为交叉概率的上下限值;

$f_{\max}$ 和 $f_{\min}$——分别为当前种群适应度值的最大值和最小值;

f'——两个交叉个体中较大的适应度值；

ω_1 和 ω_2——分别为适应度值及进化代数调整的权重。

根据自适应交叉概率选出一对交叉个体，采用两点交叉法进行交叉操作：随机确定两个不同的交叉点，将两个父代个体中位于交叉点之间的基因段进行交换，从而得到子代个体。

2) 自适应变异算子

对于变异概率，同样根据适应度值及进化代数进行自适应调整，见式(4 - 34)：

$$P_m = \frac{P_{m\,max} - P_{m\,min}}{2}\left\{\frac{2\omega_1}{1+\mathrm{e}^{\left[\frac{10(f-f_{min})}{f_{max}-f_{min}}-5\right]}} + \frac{2\omega_2}{1+\mathrm{e}^{\left(\frac{10g}{G}-5\right)}} - 1\right\} + \frac{P_{m\,max} + P_{m\,min}}{2}$$

$$(4 - 34)$$

式中　　P_{m_c}——变异概率；

$P_{m\,max}$、$P_{m\,min}$——分别为变异概率的上下限值；

　　　　f——变异个体适应度值；

f_{max}、f_{min}、g、G、ω_1、ω_2 与式(4 - 33)中变量代表相同的含义。

根据自适应变异概率选出需要变异的个体，随机确定个体的变异点。对于变异点的变异方式，本书构建了自适应非均匀变异操作，该操作通过对变异点的基因值进行自适应扰动，以扰动后的基因值替换变异点的基因值，从而生成新个体。假设 $z^g = (z_1^g, \cdots, z_k^g, \cdots, z_Q^g)$ 是一条需要变异的染色体，z_k 是变异点，$[z_k^l, z_k^u]$ 是其值域，z_k^g 是该点变异前的基因值，z_k^{g+1} 是变异后的基因值，则：

$$z_k^{g+1} = \begin{cases} z_k^g + (z_k^u - z_k^g) \cdot F(g, f) & (\mu \leqslant 0.5) \\ z_k^g - (z_k^g - z_k^l) \cdot F(g, f) & \text{其他} \end{cases} \quad (4 - 35)$$

其中，μ 在$[0, 1]$范围内符合均匀概率分布的一个随机数；$F(g, f)$表示$[0, 1]$范围内符合非均匀概率分布的一个随机数，可表示为

$$F(g, f) = 1 - \beta^{\left[\omega_1\left(1-\frac{f-f_{min}}{f_{max}-f_{min}}\right)^b + \omega_2\left(1-\frac{g}{G}\right)^b\right]}$$

$$(4 - 36)$$

式中　β——$[0, 1]$范围内符合均匀概率分布的一个随机数；

f_{max}、f_{min}、g、G、ω_1、ω_2 与式（4 - 33）中变量代表相同的含义；

b——一个系统参数，用以确定随机扰动对进适应度值 f 及进化代数 g 的依赖程度。

结合式（4 - 35）与式（4 - 36）可以看出：一方面，自适应非均匀变异在进化初期采用较大的变异步长，且变异步长变化缓慢，以实现全局均匀搜索，在进化后期，则采用较小的变异步长，以进行局部寻优；另一方面，变异步长随适应度值的提高而减小，以剔除劣解保存优解，提高收敛速度。

第5章 个性化产品的模块构建方法

根据公理设计原理,在进行客户价值需求分析、客户价值需求转化为产品技术特性之后,需将产品技术特性转化为其对应的结构元素,即得到个性化产品的零部件组成。在个性化产品开发过程中,为了能够低成本、快速满足客户的个性化价值需求,企业需要采用模块化设计方法将产品零部件聚合为基本模块、定制模块、个性化模块以形成开放式产品结构。模块的划分和模块类型分析是个性化产品模块化设计的关键步骤。与传统产品的模块构建不同,除了要达到模块在结构、功能上的独立性,个性化产品的模块构建过程还要提高客户参与度、产品定制度及可适应度,同时要实现模块类型的合理规划以便于对模块进行针对性设计。此外,个性化产品的客户参与性及其结构的柔性化使得模块构建过程存在很大的不确定性及模糊性。如何在个性化产品的模块化过程中全面地考虑这些因素是保证个性化产品成功开发的关键,而国内外尚缺乏系统化的讨论。

因此,本章主要探讨个性产品的模块构建方法,内容包括:①个性化产品模块构建的流程;②个性化产品的零部件相关性分析;③个性化产品的模块划分方法;④个性化产品的模块划分方案评选;⑤个性化产品的模块类型分析。

5.1 个性化产品模块构建的流程

如图 5-1 所示,个性化产品的模块构建主要包括四部分:基于区间直觉模糊集相似度的多样化零部件相关性决策信息集成、基于区间直觉模糊聚类方法的模块划分、基于区间直觉模糊最大偏差法及 TOPSIS 的无监督模块划分方案评选、基于区间直觉模糊最小交互熵法的个性化产品模块类别分析。

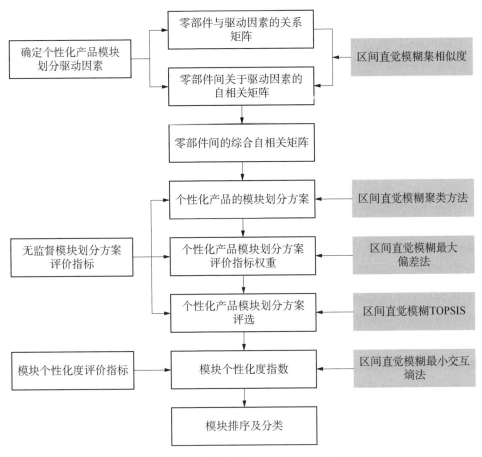

图 5-1　个性化产品的模块构建流程

（1）首先，结合个性化产品的特性，分析其模块划分的驱动因素，然后针对驱动因素对产品零部件间的相关性进行分析。零部件的相关性分析主要依赖于设计师的经验知识，具有内在主观不确定性，而个性化产品的结构柔性化及客户参与性使其主观不确定性更加显著。传统模糊集理论虽然能够表达并降低决策信息的主观性及不确定性，但因其只能表达决策信息的单一隶属度，难以全面表达决策信息的模糊性。而区间直觉模糊集同时考虑了隶属度区间、非隶属度区间及犹豫度区间这三方面的信息，能够更全面、更灵活地处理模糊和不确定信息。为此，本书采用区间直觉模糊数表达零部件的相关性分析中的模糊决策信息。其次，由于个性化产品模块划分驱动因素的多样性及差异性，设计人员趋向于针对不同的驱动因素，采用不同的决策方法进行零部件相关性评价。为此,需要通过区间直觉模糊集相似度对多样化决策信息进行转化,从而形成各模块化驱动因素下零部件间的自相关子矩阵,然后集成各子相关矩阵形成零部件间的综合相关矩阵。

(2)基于产品零部件间的综合相关矩阵,构建区间直觉模糊数聚类方法,将综合关联强度较大的零部件划分到同一模块,从而形成模块划分方案。聚类参数取不同的值,会生成粒度不同的模块划分方案。

(3)结合零部件的综合相关矩阵,建立无监督模块划分方案评价指标并对模块划分方案进行评价。通过区间直觉模糊最大偏差法确定各评价指标的客观权重,并结合基于主客观集成权重的区间直觉模糊逼近理想解法(technique for order preference by similarity to an ideal solution with interval-valued intuitionistic fuzzy numbers, interval-valued intuitionistic fuzzy, TOPSIS)对个性化产品模块划分方案进行评选。评选过程无须人员参与评价,可自动选出最优模块划分方案,能有效提高效率,降低主观性。

(4)为了对模块划分方案中各模块的类型进行有效识别,构建一个以定性及定量分析模块个性化度为核心的评价指标体系,应用区间直觉模糊数表达模糊评价信息,通过最小交互熵法集成评价信息从而得到模块的个性化度指数,并基于此对模块进行排序及分类。

5.2 个性化产品零部件间的相关性分析

个性化产品零部件之间的相关性是模块划分的基础,而要分析各零部件之间的相关性,首先需要确定个性化产品的模块划分目的,即模块划分驱动因素。然后根据模块划分驱动因素对零部件之间相关性进行评价,并形成零部件的综合相关性,以便为后续的模块划分做准备。

5.2.1 个性化产品模块划分驱动因素

根据不同的模块划分驱动因素对零部件进行相关性分析将导致不同的模块划分结果并且使所设计的产品具有不同的特点。在面向客户价值需求的个性化产品模块化过程中,除了要考虑模块在功能、结构方面的独立性,还要兼顾模块在技术实现、客户参与及可适应设计方面的独立性,以提高个性化产品的定制度、客户参与度及可适应度。因此,个性化产品的模块划分驱动因素包括技术特性、功能、结构、客户参与及可适应设计。

1）技术特性

客户价值需求驱动的个性化产品设计是一个自顶向下的过程,经过客户价值需求→产品技术特性→零部件的依次转化,客户的价值需求最终传递到零部件的设计上。在模块划分过程中,将与技术特性关联关系类似的零部件聚合为同一模块,可保证模块内的零部件所满足的客户价值需求是相似的,以便于根据客户价值需求对模块进行定制及选配,从而提高模块的设计效率及定制性。

2）功能

依据公理设计中的独立公理,模块应具有一定的功能独立性。产品功能实现的途径是在零部件之间进行相关操作及转化。因而,需要将那些实现某个或某些相同功能的零部件聚合为同一模块,以提高模块的功能独立性及减少产品的功能冗余。

3）结构

零部件通过相关空间位置关系及连接关系装配组合起来,将结构上关联强度较大的零部件聚集在同一模块,有利于产品的装配及拆解。

4）客户参与

客户价值需求驱动的个性化产品设计有显著的客户参与性,客户在个性化产品开发过程中采用一定的工具或方法与产品进行互动以满足自身的价值需求及获得个性化的客户体验。将在客户参与过程中关联强度较大的零部件聚集起来构成模块,则可以提高模块的客户参与度及个性化水平。其中,客户参与可通过客户参与方式及参与阶段两个方面来描述。

5）可适应设计

个性化产品不仅要满足当前客户需求,还要考虑到产品的功能扩展、模块升级、组件定制等,以适应客户价值需求的变化、技术的发展。将在某项可适应设计中关联强度较大的零部件聚合为模块,并为后续可适应设计预留接口,可有效提高产品的可适应性。

5.2.2　个性化产品零部件间的相关度评判

设计人员将个性化产品的模块划分驱动因素作为零部件间相关性的评价指标,根据相应的评价准则对零部件之间的关系进行判断分析。在工程实际中,设计人员主要通过两种形式来分析零部件之间的相关性,即零部件与模块化驱动因素之间的相关性评价、零部件之间关于模块化驱动因素的相关性评价。由于技术特性的具体性及多样性,零部件的技术特性相关性通常采用零部件与技术特性的关系矩阵来表达,而功能相关性、结构相关性、客户参与相关性及可适应设计相关性则采用零部件之间的自相关矩阵来表达。

考虑到设计人员在相关度评价中的主观不确定性,采用区间直觉模糊数来量化表示其决策意见。下面介绍区间直觉模糊数的相关基础理论以便于后续研究应用。

定义 5 - 1[203]:设 X 是一个给定的论域,则 X 上的区间直觉模糊集可表示为: $\widetilde{A} = \{(x, [\underline{\mu}(x), \overline{\mu}(x)], [\underline{v}(x), \overline{v}(x)]) \mid x \in X\}$。其中, $[\underline{\mu}(x),$ $\overline{\mu}(x)] \subset [0, 1]$, $[\underline{v}(x), \overline{v}(x)] \subset [0, 1]$ 分别表示元素 x 关于集合 $\widetilde{A}$ 的隶属度区间和非隶属度区间,其犹豫度区间可以表示为 $[\underline{\pi}(x), \overline{\pi}(x)] = [1 - \overline{\mu}(x) - \overline{v}(x), 1 - \underline{\mu}(x) - \underline{v}(x)]$。 $([\underline{\mu}(x), \overline{\mu}(x)], [\underline{v}(x), \overline{v}(x)])$ 则为区间直觉模糊数,可简记为 $\widetilde{\alpha} = ([a, b], [c, d])$。

定义 5 - 2[204]:设 $\widetilde{\alpha} = ([a, b], [c, d])$, $\widetilde{\alpha}_1 = ([a_1, b_1], [c_1, d_1])$, $\widetilde{\alpha}_2 = ([a_2, b_2], [c_2, d_2])$ 为区间直觉模糊数,则 $\widetilde{\alpha}$ 的得分值 $s(\widetilde{\alpha})$、精确值 $h(\widetilde{\alpha})$ 分别为

$$s(\widetilde{\alpha}) = \frac{1}{2}(a + b - c - d) \tag{5-1}$$

$$h(\widetilde{\alpha}) = \frac{1}{2}(a + b + c + d) \tag{5-2}$$

若 $s(\widetilde{\alpha}_1) < s(\widetilde{\alpha}_2)$,则 $\widetilde{\alpha}_1 < \widetilde{\alpha}_2$;

若 $s(\widetilde{\alpha}_1) = s(\widetilde{\alpha}_2)$ 且 $h(\widetilde{\alpha}_1) < h(\widetilde{\alpha}_2)$,则 $\widetilde{\alpha}_1 < \widetilde{\alpha}_2$;

若 $s(\widetilde{\alpha}_1) = s(\widetilde{\alpha}_2)$ 且 $h(\widetilde{\alpha}_1) = h(\widetilde{\alpha}_2)$,则 $\widetilde{\alpha}_1 = \widetilde{\alpha}_2$。

定义 5 - 3[205]:设 $\widetilde{\alpha}_i (i = 1、2、\cdots、n)$ 为区间直觉模糊数,且 $\widetilde{\alpha}_i = ([a_i, b_i], [c_i, d_i])$,则加区间直觉模糊加权平均算子为

$$F_w(\widetilde{\alpha}_1、\widetilde{\alpha}_2、\cdots、\widetilde{\alpha}_n) = \sum_{i=1}^{n} w_i \widetilde{\alpha}_i$$

$$= ([\sum_{i=1}^{n} w_i a_i, \sum_{i=1}^{n} w_i b_i], [\sum_{i=1}^{n} w_i c_i, \sum_{i=1}^{n} w_i d_i])$$

$$\tag{5-3}$$

其中，w_i 为 $\tilde{\alpha}_i$ 的权重，$w_i \in [0, 1]$ 且 $\sum_{i=1}^{n} w_i = 1$。

定义 5-4[206]：设 $\tilde{A}$ 与 $\tilde{B}$ 是集合 $X = \{x_i \mid i = 1、2、\cdots、n\}$ 上的两个区间直觉模糊集，其中 $\tilde{A}(x_i) = ([\underline{\mu}_A(x_i), \bar{\mu}_A(x_i)], [\underline{v}_A(x_i), \bar{v}_A(x_i)])$，$\tilde{B}(x_i) = ([\underline{\mu}_B(x_i), \bar{\mu}_B(x_i)], [\underline{v}_B(x_i), \bar{v}_B(x_i)])$，$\boldsymbol{W} = \{w_i \mid i = 1、2、\cdots、n\}$ 为 X 中元素对应的权重向量，且 $w_i \in [0, 1]$，$\sum_{i=1}^{n} w_i = 1$。则 $\tilde{A}$ 与 $\tilde{B}$ 的相似度可以表示为

$$SI(A, B) = \frac{\sum_{i=1}^{n} w_i \varphi_{AB}(x_i)}{\max\left[\sum_{i=1}^{n} w_i \varphi_A(x_i), \sum_{i=1}^{n} w_i \varphi_B(x_i)\right]} \tag{5-4}$$

其中

$$\begin{aligned}
\varphi_A(x_i) = &[\underline{\mu}_A(x_i)]^2 + [\bar{\mu}_A(x_i)]^2 + [\underline{v}_A(x_i)]^2 + [\bar{v}_A(x_i)]^2 \\
&+ [\underline{\pi}_A(x_i)]^2 + [\bar{\pi}_A(x_i)]^2 \\
\varphi_B(x_i) = &[\underline{\mu}_B(x_i)]^2 + [\bar{\mu}_B(x_i)]^2 + [\underline{v}_B(x_i)]^2 + [\bar{v}_B(x_i)]^2 \\
&+ [\underline{\pi}_B(x_i)]^2 + [\bar{\pi}_B(x_i)]^2 \\
\varphi_{AB}(x_i) = &\underline{\mu}_A(x_i) \cdot \underline{\mu}_B(x_i) + \bar{\mu}_A(x_i) \cdot \bar{\mu}_B(x_i) + \underline{v}_A(x_i) \cdot \underline{v}_B(x_i) \\
&+ \bar{v}_A(x_i) \cdot \bar{v}_B(x_i) + \underline{\pi}_A(x_i) \cdot \underline{\pi}_B(x_i) + \bar{\pi}_A(x_i) \cdot \bar{\pi}_B(x_i)
\end{aligned}$$

定义 5-5[207]：设 $\tilde{A}$ 与 $\tilde{B}$ 是集合 $X = \{x_i \mid i = 1、2、\cdots、n\}$ 上的两个区间直觉模糊集，其中 $\tilde{A}(x_i) = ([\underline{\mu}_A(x_i), \bar{\mu}_A(x_i)], [\underline{v}_A(x_i), \bar{v}_A(x_i)])$，$\tilde{B}(x_i) = ([\underline{\mu}_B(x_i), \bar{\mu}_B(x_i)], [\underline{v}_B(x_i), \bar{v}_B(x_i)])$，则 $\tilde{A}$ 与 $\tilde{B}$ 的交互信息熵可以表示为

$$\begin{aligned}
E(\tilde{A}, \tilde{B}) = \sum_{i=1}^{m} \Bigg\{ &\frac{\underline{\mu}_A(x_i) + \bar{\mu}_A(x_i) + 2 - \underline{v}_A(x_i) - \bar{v}_A(x_i)}{4} \\
&\times \ln \frac{2[\underline{\mu}_A(x_i) + \bar{\mu}_A(x_i) + 2 - \underline{v}_A(x_i) - \bar{v}_A(x_i)]}{\substack{\underline{\mu}_A(x_i) + \bar{\mu}_A(x_i) + 2 - \underline{v}_A(x_i) - \bar{v}_A(x_i) + \\ \underline{\mu}_B(x_i) + \bar{\mu}_B(x_i) + 2 - \underline{v}_B(x_i) - \bar{v}_B(x_i)}} \\
&+ \frac{\underline{v}_A(x_i) + \bar{v}_A(x_i) + 2 - \underline{\mu}_A(x_i) - \bar{\mu}_A(x_i)}{4}
\end{aligned}$$

$$\times \ln \frac{2[\underline{v}_A(x_i)+\bar{v}_A(x_i)+2-\underline{\mu}_A(x_i)-\bar{\mu}_A(x_i)]}{\begin{array}{c}\underline{v}_A(x_i)+\bar{v}_A(x_i)+2-\underline{\mu}_A(x_i)-\bar{\mu}_A(x_i)+\underline{v}_B(x_i)+\\ \bar{v}_B(x_i)+2-\underline{\mu}_B(x_i)-\bar{\mu}_B(x_i)\end{array}} \Bigg\} \quad (5-5)$$

然而,式(5-5)不能用来处理含有精确数的区间直觉模糊集。如当通常 $\underline{\mu}_A(x_i)=\bar{\mu}_A(x_i)=1$,$\underline{v}_A(x_i)=\bar{v}_A(x_i)=0$ 时,上式无意义。此外,集合 $X=\{x_i \mid i=1、2、\cdots、n\}$ 中的元素通常具有不同的权重,假设其权重向量为 $W=\{w_i \mid i=1、2、\cdots、n\}$。针对这两方面的问题,本书基于式(5-5)提出了区间直觉模糊集的改进加权交互信息熵 $E_w(\tilde{A},\tilde{B})$,表示为

$$E_w(\tilde{A},\tilde{B})=\sum_{i=1}^{m}w_i\Bigg\{\frac{\underline{\mu}_A(x_i)+\bar{\mu}_A(x_i)+2-\underline{v}_A(x_i)-\bar{v}_A(x_i)}{4}$$

$$\times \ln \frac{2[\underline{\mu}_A(x_i)+\bar{\mu}_A(x_i)+2-\underline{v}_A(x_i)-\bar{v}_A(x_i)+k]}{\begin{array}{c}\underline{\mu}_A(x_i)+\bar{\mu}_A(x_i)+2-\underline{v}_A(x_i)-\bar{v}_A(x_i)+\underline{\mu}_B(x_i)+\\ \bar{\mu}_B(x_i)+2-\underline{v}_B(x_i)-\bar{v}_B(x_i)+k\end{array}}$$

$$+\frac{\underline{v}_A(x_i)+\bar{v}_A(x_i)+2-\underline{\mu}_A(x_i)-\bar{\mu}_A(x_i)}{4}$$

$$\times \ln \frac{2[\underline{v}_A(x_i)+\bar{v}_A(x_i)+2-\underline{\mu}_A(x_i)-\bar{\mu}_A(x_i)+k]}{\begin{array}{c}\underline{v}_A(x_i)+\bar{v}_A(x_i)+2-\underline{\mu}_A(x_i)-\bar{\mu}_A(x_i)+\\ \underline{v}_B(x_i)+\bar{v}_B(x_i)+2-\underline{\mu}_B(x_i)-\bar{\mu}_B(x_i)+k\end{array}} \Bigg\} \quad (5-6)$$

其中,k 为常数,经测试验证 k 取值为 0.01。$E_w(\tilde{A},\tilde{B})$ 越小,$\tilde{A}$ 与 $\tilde{B}$ 之间的差异越小,因而,$E_w(\tilde{A},\tilde{B})$ 可以用来衡量 $\tilde{A}$ 与 $\tilde{B}$ 之间的偏差度。由于 $E_w(\tilde{A},\tilde{B})$ 不具有对称性,对其进行改进从而形成具有对称性的区间直觉模糊加权交互信息熵 $E^*(\tilde{A},\tilde{B})$:

$$E^*(\tilde{A},\tilde{B})=\frac{1}{2}[E_w(\tilde{A},\tilde{B})+E_w(\tilde{B},\tilde{A})] \quad (5-7)$$

值得注意的是,当式(5-6)中的 m 取值为 1 时,则区间直觉模糊交互信息熵表示两个区间直觉模糊数之间的偏差度。

基于上述理论,本书根据设计人员的区间直觉模糊决策信息分析个性化产品零部件间的相关性,其具体流程包括以下几个步骤。

1) 构建零部件的相关性评价准则

将评价准则的语言变量用区间直觉模糊数来量化表示。表 5-1 给出零部

件与技术特性的相关性评价准则,零部件之间的功能相关性评价准则、结构相关性评价准则、客户参与相关性评价准则及可适应设计相关性评价准则分别见表 5-2～表 5-5。

表 5-1　零部件与技术特性的相关性评价准则

零部件与技术特性的关联强度	直觉区间模糊数
很强(VS)	$[0.90, 0.95], [0.02, 0.05]$
强(S)	$[0.70, 0.75], [0.20, 0.25]$
一般(M)	$[0.50, 0.55], [0.40, 0.45]$
弱(W)	$[0.20, 0.35], [0.70, 0.75]$
很弱(VW)	$[0.02, 0.05], [0.90, 0.95]$
无(N)	$[0, 0], [1, 1]$

表 5-2　零部件的功能相关性评价准则

功能相关性描述	关联强度	直觉区间模糊数
两个零部件共同完成某项主要功能	很强(VS)	$[0.90, 0.95], [0.02, 0.05]$
两个零部件在某项主要功能实现上相互关联	强(S)	$[0.70, 0.75], [0.20, 0.25]$
一个零部件完成某个主要功能,另一零部件完成该主要功能的辅助功能	一般(M)	$[0.50, 0.55], [0.40, 0.45]$
两个零部件完成相同的辅助功能	弱(W)	$[0.20, 0.35], [0.70, 0.75]$
两个零部件在功能实现上基本独立	很弱(VW)	$[0.02, 0.05], [0.90, 0.95]$
两个零部件完成不同的功能	无(N)	$[0, 0], [1, 1]$

表 5-3　零部件的结构相关性评价准则

结构相关性描述	关联强度	直觉区间模糊数
两个零部件之间存在不可分割的联接关系	很强(VS)	$[0.90, 0.95], [0.02, 0.05]$
两个零部件之间存在强联接关系	强(S)	$[0.70, 0.75], [0.20, 0.25]$

结构相关性描述	关联强度	直觉区间模糊数
两个零部件之间存在一般强度联接关系	一般(M)	$[0.50, 0.55]$, $[0.40, 0.45]$
两个零部件之间存在弱联接关系	弱(W)	$[0.20, 0.35]$, $[0.70, 0.75]$
两个零部件之间存在很弱的联接关系	很弱(VW)	$[0.02, 0.05]$, $[0.90, 0.95]$
两个零部件不存在联接关系	无(N)	$[0, 0]$, $[1, 1]$

表5-4　零部件的客户参与相关性评价准则

客户体验流程相关性	关联强度	直觉区间模糊数
两个零部件在某项客户参与活动中存在很强交互关系	很强(VS)	$[0.90, 0.95]$, $[0.02, 0.05]$
两个零部件在某项客户参与活动中存在强交互关系	强(S)	$[0.70, 0.75]$, $[0.20, 0.25]$
两个零部件在某项客户参与活动中存在一般交互关系	一般(M)	$[0.50, 0.55]$, $[0.40, 0.45]$
两个零部件之间在某项客户参与活动中存在弱交互关系	弱(W)	$[0.20, 0.35]$, $[0.70, 0.75]$
两个零部件之间在某项客户参与活动中存在很弱交互关系	很弱(VW)	$[0.02, 0.05]$, $[0.90, 0.95]$
两个零部件分别存在于不同的客户参与活动中	无(N)	$[0, 0]$, $[1, 1]$

表5-5　零部件的可适应设计相关性评价准则

产品可适应相关性	关联强度	直觉区间模糊数
两个零部件在可适应设计中存在很强的关联关系	很强(VS)	$[0.90, 0.95]$, $[0.02, 0.05]$
两个零部件在可适应设计中存在强关联关系	强(S)	$[0.70, 0.75]$, $[0.20, 0.25]$
两个零部件在可适应设计中存在一般关联关系	一般(M)	$[0.50, 0.55]$, $[0.40, 0.45]$
两个零部件在可适应设计中存在弱关联关系	弱(W)	$[0.20, 0.35]$, $[0.70, 0.75]$

(续表)

产品可适应相关性	关联强度	直觉区间模糊数
两个零部件在可适应设计中存在很弱的关联关系	很弱(VW)	$[0.02, 0.05], [0.90, 0.95]$
两个零部件在可适应设计中不存在关系	无(N)	$[0, 0], [1, 1]$

2) 构建零部件的相关性评价子矩阵

假设某个性化产品有 n 个零部件构成,这些零部件与 m 项产品技术特性相关。设计专家利用表 5-1 给出的评判标度对零部件与技术特性之间的关联强度进行评判,可得到零部件与技术特性的关系矩阵 $\widetilde{\boldsymbol{S}}^{\mathrm{t}}$,

$$\widetilde{\boldsymbol{S}}^{\mathrm{t}} = \left[\widetilde{S}^{\mathrm{t}}(i, k)\right]_{n\times m} = \begin{array}{c} \\ \end{array} \begin{array}{cccc} TC_1 & TC_2 & \cdots & TC_m \end{array} \\ \begin{bmatrix} \widetilde{S}^{\mathrm{t}}(1, 1) & \widetilde{S}^{\mathrm{t}}(1, 2) & \cdots & \widetilde{S}^{\mathrm{t}}(1, n) \\ \widetilde{S}^{\mathrm{t}}(2, 1) & \widetilde{S}^{\mathrm{t}}(2, 2) & \cdots & \widetilde{S}^{\mathrm{t}}(2, n) \\ \vdots & \vdots & \cdots & \vdots \\ \widetilde{S}^{\mathrm{t}}(n, 1) & \widetilde{S}^{\mathrm{t}}(n, 2) & \cdots & \widetilde{S}^{\mathrm{t}}(n, n) \end{bmatrix} \begin{array}{c} C_1 \\ C_2 \\ \vdots \\ C_n \end{array}$$

$$(5-8)$$

其中,$\widetilde{S}^{\mathrm{t}}(i, k)$ 表示零部件 C_i 与技术特性 TC_k 之间的相关度,用区间直觉模糊数可表示为

$$\widetilde{S}^{\mathrm{t}}(i, k) = (\left[\underline{\mu}_{ik}^{\mathrm{t}}, \bar{\mu}_{ik}^{\mathrm{t}}\right], \left[\underline{v}_{ik}^{\mathrm{t}}, \bar{v}_{ik}^{\mathrm{t}}\right]) \qquad (5-9)$$

其中,$\left[\underline{\mu}_{ik}^{\mathrm{t}}, \bar{\mu}_{ik}^{\mathrm{t}}\right]$ 表示零部件 C_i 与技术特性 TC_j 的相关强度区间;$\left[\underline{v}_{ik}^{\mathrm{t}}, \bar{v}_{ik}^{\mathrm{t}}\right]$ 则表示零部件 C_i 与技术特性 TC_j 的非相关度区间。

此外,设计专家的犹豫度区间可表示为

$$\pi_{ik}^{\mathrm{t}} = \left[\underline{\pi}_{ik}^{\mathrm{t}}, \bar{\pi}_{ik}^{\mathrm{t}}\right] = \left[1 - \bar{\mu}_{ik}^{\mathrm{t}} - \bar{v}_{ik}^{\mathrm{t}}, 1 - \underline{\mu}_{ik}^{\mathrm{t}} - \underline{v}_{ik}^{\mathrm{t}}\right] \qquad (5-10)$$

设计专家分别利用表 5-2 给出的评判标度对零部件之间的功能相关度进行评判,并得到零部件之间的功能自相关矩阵 $\widetilde{\boldsymbol{R}}^{\mathrm{f}}$:

$$\tilde{\boldsymbol{R}}^{\mathrm{f}} = [\tilde{R}^{\mathrm{f}}(i, j)]_{n \times n} = \begin{matrix} C_1 & C_2 & \cdots & C_n \\ \begin{bmatrix} \tilde{R}^{\mathrm{f}}(1, 1) & \tilde{R}^{\mathrm{f}}(1, 2) & \cdots & \tilde{R}^{\mathrm{f}}(1, n) \\ \tilde{R}^{\mathrm{f}}(2, 1) & \tilde{R}^{\mathrm{f}}(2, 2) & \cdots & \tilde{R}^{\mathrm{f}}(2, n) \\ \vdots & \vdots & \ddots & \vdots \\ \tilde{R}^{\mathrm{f}}(n, 1) & \tilde{R}^{\mathrm{f}}(n, 2) & \cdots & \tilde{R}^{\mathrm{f}}(n, n) \end{bmatrix} & \begin{matrix} C_1 \\ C_2 \\ \vdots \\ C_n \end{matrix} \end{matrix}$$

$$(5-11)$$

其中，$\tilde{R}^{\mathrm{f}}(i, j)$ 表示零部件 C_i 与 C_j 之间的功能相关度，用区间直觉模糊数可表示为

$$\tilde{R}^{\mathrm{f}}(i, j) = \begin{cases} ([\underline{\alpha}_{ij}^{\mathrm{f}}, \bar{\alpha}_{ij}^{\mathrm{f}}], [\underline{\beta}_{ij}^{\mathrm{f}}, \bar{\beta}_{ij}^{\mathrm{f}}]) & (i \neq j) \\ 1 & (i = j) \end{cases} \qquad (5-12)$$

式中，$[\underline{\alpha}_{ij}^{\mathrm{f}}, \bar{\alpha}_{ij}^{\mathrm{f}}]$ 表示零部件 C_i 与 C_j 之间的功能相关度区间，$[\underline{\beta}_{ij}^{\mathrm{k}}, \bar{\beta}_{ij}^{\mathrm{k}}]$ 表示零部件 C_i 与 C_j 之间的功能非相关度区间，则设计专家的对于此评价的犹豫度区间为

$$\gamma_{ij}^{\mathrm{f}} = [\underline{\gamma}_{ij}^{\mathrm{f}}, \bar{\gamma}_{ij}^{\mathrm{f}}] = [1 - \bar{\alpha}_{ij}^{\mathrm{f}} - \bar{\beta}_{ij}^{\mathrm{f}}, 1 - \underline{\alpha}_{ij}^{\mathrm{f}} - \underline{\beta}_{ij}^{\mathrm{f}}] \qquad (5-13)$$

同零部件之间的功能相关度评价类似，设计专家依据表 5-3～表 5-5 给出的评判标度，分别对零件之间的结构相关度、客户参与相关度及可适应设计相关度进行评判，并依次得到结构自相关矩阵 $\tilde{\boldsymbol{R}}^{\mathrm{s}}$、客户参与自相关矩阵 $\tilde{\boldsymbol{R}}^{\mathrm{c}}$、可适应设计自相关矩阵 $\tilde{\boldsymbol{R}}^{\mathrm{a}}$。

3) 零部件相关性评价子矩阵的统一化

由 2) 得到的零部件相关性评价子矩阵包括零部件与技术特性的关系矩阵 $\tilde{\boldsymbol{S}}^{\mathrm{t}}$、功能自相关矩阵 $\tilde{\boldsymbol{R}}^{\mathrm{f}}$、结构自相关矩阵 $\tilde{\boldsymbol{R}}^{\mathrm{s}}$、客户参与自相关矩阵 $\tilde{\boldsymbol{R}}^{\mathrm{c}}$、可适应设计自相关矩阵 $\tilde{\boldsymbol{R}}^{\mathrm{a}}$。由于 $\tilde{\boldsymbol{S}}^{\mathrm{t}}$ 与其他相关性评价子矩阵表达形式的不同，需要将其转化为零部件的技术特性自相关矩阵 $\tilde{\boldsymbol{R}}^{\mathrm{t}}$，以便于后续零部件综合相关度的计算。

在零部件与技术特性的关系矩阵 $\tilde{\boldsymbol{S}}^{\mathrm{t}}$ 中，零件 C_i 的技术特性相关信息可表示为区间直觉模糊集：

$$\tilde{S}_i^{\mathrm{t}} = \{\tilde{S}^{\mathrm{t}}(i, k) \mid k = 1, 2, \cdots, m\} \quad (i = 1, 2, \cdots, n) \qquad (5-14)$$

由于区间直觉模糊集的相似度 $SI(\tilde{S}_i^{\mathrm{t}}, \tilde{S}_j^{\mathrm{t}})$ 反映了零部件 C_i 与 C_j 在技术

特性相关性方面的相似度，$SI(\widetilde{S}_i^{t}, \widetilde{S}_j^{t})$ 越大，零部件 C_i 与 C_j 的技术特性相关信息越相似，则其技术特性相关度 $R^{t}(i, j)$ 越大。因而，零部件 C_i 与 C_j 之间的技术特性相关度 $R^{t}(i, j)$ 可以通过其对应区间直觉模糊集的相似度 $SI(\widetilde{S}_i^{t}, \widetilde{S}_j^{t})$ 来表达：

$$R^{t}(i, j) = SI(\widetilde{S}_i^{t}, \widetilde{S}_j^{t}) \quad (i、j = 1、2、\cdots、n) \tag{5-15}$$

则零部件的技术特性自相关矩阵可以表示为

$$\boldsymbol{R}^{t} = [R^{t}(i, j)]_{n \times n} \sim \widetilde{\boldsymbol{R}}^{t} = [\widetilde{R}^{t}(i, j)]_{n \times n} \tag{5-16}$$

式中　$\widetilde{R}^{t}$——零部件技术特性自相关矩阵 $\boldsymbol{R}^{t}$ 的区间直觉模糊数形式。

4）构建零部件的综合自相关矩阵

采用"加权和"的形式将各模块划分驱动因素下零部件间的相关度集成为模块零部件间的综合相关度，则零部件 C_i 与 C_j 之间的综合相关度 $\widetilde{R}(i, j)$ 可以表示为

$$\widetilde{R}(i, j) = \sum_k^K w_k \widetilde{R}^{k}(i, j), \quad K = \{t, f, s, c, a\} \tag{5-17}$$

式中　　　w_k——各模块划分驱动因素的权重，可利用两两配对比较法而得到；t、f、s、c、a——分别为模块划分驱动因素中的技术特性、功能、结构、客户参与、可适应设计。

零部件的区间直觉模糊数综合自相关矩阵可以表示为

$$\widetilde{\boldsymbol{R}} = [\widetilde{R}(i, j)]_{n \times n} \tag{5-18}$$

5.3　个性化产品的模块划分方法

根据个性化产品模块划分驱动因素对零部件进行相关性分析之后，需将关联强度较大的零部件划分到同一模块。聚类方法的实现过程简单，是常用的模块划分方法，但现有研究并未考虑模块划分中的模糊信息。基于零部件之间的区间直觉模糊相关性信息，本节采用区间直觉模糊数聚类方法以实现模糊环境下的个性化产品模块划分。目前，尚未发现将区间直觉模糊数聚类方法应用到产品模块划分的相关研究中。

个性化产品模块划分的具体步骤如下：

（1）构建个性化产品零部件间的区间直觉模糊等价相关矩阵 $\widetilde{\boldsymbol{R}}^*$。基于零部件之间的区间直觉模糊数综合自相关矩阵，应用区间直觉模糊合成运算依次计算 $\widetilde{R}$、$\widetilde{R}^2$、$\widetilde{R}^4$、$\widetilde{R}^8\cdots$。经过一定次数的合成运算之后，存在 $\widetilde{R}^{2k}=\widetilde{R}^{2(k+1)}$，其中 k 为正整数。则零部件之间的区间直觉模糊等价相关矩阵 $\widetilde{\boldsymbol{R}}^*$ 可表示为

$$\widetilde{\boldsymbol{R}}^* =\widetilde{R}^{2k}=\widetilde{R}^{2(k+1)}=[\widetilde{R}^*(i,j)]_{n\times n} \tag{5-19}$$

（2）构建区间直觉模糊等价相关矩阵 $\widetilde{\boldsymbol{R}}^*$ 的截距矩阵 $\widetilde{\boldsymbol{R}}^*_{\widetilde{\lambda}}$。对 $\widetilde{\boldsymbol{R}}^*$ 中的元素从小到大排序，并将其依次作为区间直觉模糊截距值 $\widetilde{\lambda}$，计算其对应的截距矩阵 $\widetilde{\boldsymbol{R}}^*_{\widetilde{\lambda}}$：

$$\widetilde{\boldsymbol{R}}^*_{\widetilde{\lambda}} =[_{\widetilde{\lambda}}\widetilde{R}^*(i,j)]_{n\times n} \tag{5-20}$$

其中

$$_{\widetilde{\lambda}}\widetilde{R}^*(i,j) =\begin{cases}1, & \widetilde{\lambda}\leqslant\widetilde{R}^*(i,j) \\ 0, & \widetilde{\lambda}>\widetilde{R}^*(i,j)\end{cases} \tag{5-21}$$

两个区间直觉模糊数大小的比较可以通过应用区间直觉模糊数对应的式(5-1)所示的得分函数及式(5-2)所示的精确函数进行。

（3）零部件的聚类。若截距矩阵 $\widetilde{\boldsymbol{R}}^*_{\widetilde{\lambda}}$ 中第 i 行的元素与第 j 行对应的元素相同，则零部件 C_i 与 C_j 关于模块划分驱动因素具有类似的相关性，可将其聚合在同一模块内。根据本聚类原则及 $\widetilde{\boldsymbol{R}}^*_{\widetilde{\lambda}}$，依次对各零部件进行聚类分析。最终得到不同 $\widetilde{\lambda}$ 取值下的模块划分方案。

5.4　个性化产品模块化方案的评选

在基于区间直接模糊聚类算法的个性化产品模块划分过程中，区间直觉模糊截距值 $\widetilde{\lambda}$ 取不同的值，将会生成不同粒度的模块划分方案。而不同模块划分方案会对个性化产品方案配置阶段及模块管理有较大程度的影响。因而，需要确定个性化产品模块划分方案的评选指标体系，基于此对各模块划分方案进行全面评价，从而选出综合性能最优的个性化产品模块划分方案。

个性化产品模块划分方法中融入了较多的主观决策信息，传统的模块划分

方案评选指标值也主要依赖于设计者的主观评价,这进一步加剧了个性化产品模块化过程的主观性。为此,本书构建了无监督模块划分方案评选指标,其指标值是基于零部件间的综合相关性及模块划分方案计算得到的,无须设计者参与评价,能够有效降低模块划分方案中的主观不确定性。同时,采用区间直觉模糊最大偏差法根据模块划分方案的评选信息确定各评选指标的客观权重,并与主观权重进行集成以降低各评选指标权重的主观随机性。然后,基于集成权重应用区间直觉模糊 TOPSIS 模型分析模块划分方案的贴近度系数,并以此为依据对各模块划分方案进行优劣排序,从而确定最优个性化产品模块划分方案。基于集成权重区间直觉模糊 TOPSIS 的个性化产品模块划分方案无监督评选方法的具体流程如图 5-2 所示,该方法不仅能够有效利用并处理模块划分方案中的模糊信息,而且充分利用了零部件相关性分析过程的内在信息来分别确定评选指标值及指标权重以降低方案评选过程中主观决策信息的增加,最终实现了模块划分方案的自动评选,可有效提高设计效率及准确性。

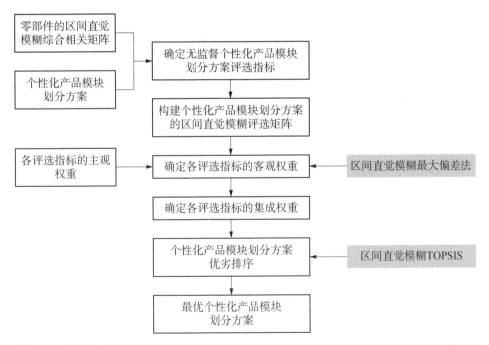

图 5-2　基于集成权重区间直觉模糊 TOPSIS 的个性化产品模块划分方案的无监督评选流程

5.4.1　个性化产品模块化方案的无监督评选指标

假设存在 n 个粒度不同的模块划分方案,第 i 个模块划分方案包含 n_i 个模块,而第 i 个模块划分方案的第 j 个模块由 n_{ij} 个零部件组成。为了获得聚合效果最佳的个性化产品模块划分方案,本书从聚合度、聚合平稳度、耦合度、耦合平稳度四个指标对各模块划分方案进行评选。

1) 聚合度

在个性化产品模块划分方案中,模块内部各零部件之间关联关系的紧密程度,称为该模块的聚合度。个性化产品模块内的各零部件在产品技术特性、功能、结构、客户参与及可适应设计方面存在较强的关联关系,从而构成一个相对独立的整体。模块的聚合度越高表示该模块内各零部件之间的关联强度越高,各零部件在设计方式及设计目的上具有较强的统一性,从而有利于提升模块的性能实现水平。第 i 个个性化产品模块划分方案的聚合度 $\widetilde{P}_i$ 可表示为

$$\widetilde{P}_i = \frac{1}{n_i}\sum_{j=1}^{n_i}\widetilde{P}_{ij} = \frac{1}{n_i}\sum_{j=1}^{n_i}\Big[\min_{s,\,k=1,\,2,\,\cdots,\,n_{ij}}\widetilde{R}(C_{ijs},\,C_{ijk})\Big] \qquad (5-22)$$

式中　　$\widetilde{P}_{ij}$——第 i 个模块划分方案中第 j 个模块的聚合度;

$\widetilde{R}(C_{ijs},\,C_{ijt})$——第 i 个模块划分方案的第 j 个模块内第 s 个零部件 C_{ijs} 与第 k 个零部件 C_{ijk} 之间的综合相关度,可由 5.2.2 小节中得到的综合相关度矩阵 $\widetilde{\boldsymbol{R}}$ 得到。

2) 聚合平稳度

个性化产品模块划分方案中各模块的聚合度存在差异,则各模块聚合度的波动情况称为该划分方案的聚合平稳度。若各模块的聚合度波动比较小,则表示该模块划分方案中各模块的内部紧凑度比较一致,各模块都具有相对较强的聚合度;若波动比较大,则模块划分方案中存在聚合度很小的模块,将导致设计的不合理。因此,最佳模块划分方案中各模块应该具有波动较平稳的聚合度。第 i 个个性化产品模块划分方案的聚合平稳度 PV_i 可表示为

$$PV_i = \frac{2}{n_i(n_i-1)}\sum_{j=1}^{n_i-1}\sum_{k=j+1}^{n_i}E^*(\widetilde{P}_{ij},\,\widetilde{P}_{ik}) \qquad (5-23)$$

式中　　$E^*(\widetilde{P}_{ij},\,\widetilde{P}_{ik})$——第 i 个个性化产品模块划分方案中模块 M_{ij} 与模块

M_{ik} 之间聚合度的偏差度；

$\sum\limits_{j=1}^{n_i}\sum\limits_{k=j+1}^{n_i}E^*(\widetilde{P}_{ij}\,,\,\widetilde{P}_{ik})$——该方案中所有模块之间聚合度的偏差度之和，其值越小，则聚合度波动越平稳。

由此可知，模块之间聚合度偏差的均值反映了模块划分方案的聚合平稳度 PV_i，PV_i 越小，则其对应的模块划分方案越优秀。

3）耦合度

个性化产品模块划分方案中，各模块之间存在一定的交互关系，其交互关系的强弱用耦合度表示。模块的耦合度主要是由模块内零部件与模块外零部件之间的相关性决定。模块划分过程中应尽量降低模块之间的耦合度，以提高各模块的独立性。若模块的耦合度较低，表明该模块的参数定制、选配等对其他模块的影响程度不大，具有较强的设计及选配灵活性。若模块的耦合度较高，表明该模块与其他模块之间的依赖性较强，收到的外部约束比较多，模块的独立性及灵活性比较弱，使得模块的设计及管理复杂性升高。第 i 个个性化产品模块划分方案的耦合度 $\widetilde{S}_i$ 可表示为

$$\widetilde{S}_i=\frac{1}{n_i}\sum_{j=1}^{n_i}\widetilde{S}_{ij}=\frac{1}{n_i}\sum_{j=1}^{n_i}\max_{\substack{s=1,\,2,\,\cdots,\,n_{ij}\\k=1,\,2,\,\cdots,\,n_i,\,k\neq j\\t=1,\,2,\,\cdots,\,n_{ik}}}\widetilde{R}(C_{ijs}\,,\,C_{ikt})\qquad(5-24)$$

式中　$\widetilde{S}_{ij}$——第 i 个模块划分方案中第 j 个模块的耦合度，用该模块内零部件与模块外零部件之间综合相关度的最大值来衡量。

4）耦合平稳度

同聚合平稳度类似，耦合平稳度用来表达方案内各模块耦合度的波动情况。个性化产品模块划分方案中各模块的耦合度应该尽可能地均匀分布，以防止部分模块拥有较强的耦合度，从而导致设计及管理复杂度的增加。第 i 个个性化产品模块划分方案的耦合平稳度 SV_i 可表示为

$$SV_i=\frac{2}{n_i(n_i-1)}\sum_{j=1}^{n_i-1}\sum_{k=j+1}^{n_i}E^*(\widetilde{S}_{ij}\,,\,\widetilde{S}_{ik})\qquad(5-25)$$

为了便于计算，将聚合平稳度 PV_i 及耦合平稳度 SV_i 分别转化为区间直觉模糊数 $\widetilde{PV}_i$、$\widetilde{SV}_i$。

5.4.2 基于区间直觉模糊 TOPSIS 的个性化产品模块化方案评选

个性化产品模块划分方案的评选是一个多属性决策问题,TOPSIS 是处理多属性决策问题的经典方法。传统 TOPSIS 的输入数据为精确数,而本书中的决策信息为区间直觉模糊数。本书在传统 TOPSIS 中融入区间直觉模糊数,从而形成区间直觉模糊 TOPSIS,并用以评选出最优个性化产品模块划分方案,其具体流程如下:

(1) 构建个性化产品模块划分方案的区间直觉模糊多属性评选矩阵。根据 5.4.1 小节中所介绍的个性化产品模块划分方案评选指标 $E_j (j = 1、2、\cdots、m)$,依次计算模块划分方案 $A_i (i = 1、2、\cdots、n)$ 对应的指标值 $\tilde{D}(i, j)$。其中,$m = 4$,$\tilde{D}(i, 1)$、$\tilde{D}(i, 2)$、$\tilde{D}(i, 3)$、$\tilde{D}(i, 4)$ 分别为聚合度 $\tilde{P}_i$、聚合平稳度 $\widetilde{PV}_i$、耦合度 $\tilde{S}_i$、耦合平稳度 $\widetilde{SV}_i$,可根据式(5-22)~式(5-25)计算得到。区间直觉模糊多属性评选矩阵 $\tilde{D}$ 可表示为

$$
\tilde{D} = \begin{matrix} & E_1 & E_2 & \cdots & E_m & \\ \begin{bmatrix} \tilde{D}(1, 1) & \tilde{D}(1, 2) & \cdots & \tilde{D}(1, n) \\ \tilde{D}(2, 1) & \tilde{D}(2, 2) & \cdots & \tilde{D}(2, n) \\ \vdots & \vdots & \ddots & \vdots \\ \tilde{D}(n, 1) & \tilde{D}(n, 2) & \cdots & \tilde{D}(n, m) \end{bmatrix} & \begin{matrix} A_1 \\ A_2 \\ \vdots \\ A_n \end{matrix} \end{matrix} \quad (5-26)
$$

(2) 计算个性化产品模块划分方案评选指标的权重。传统方法是由设计专家根据自身经验知识对指标的权重进行主观判断,不仅具有较强的主观性,而且未充分利用评价矩阵中的信息。本书将通过分析评价矩阵中的信息以确定各指标的客观权重,将其与主观权重结合以准确表达指标的重要性。

若各模块划分方案关于评选指标 E_j 的指标值差异比较小,表明指标 E_j 在模块划分方案评选中的作用不明显,应赋予指标 E_j 较低的权重;相反,若各模块划分方案关于指标 E_j 的指标值差异比较大,表明指标 E_j 能够明显区分模块划分方案之间的优劣,在模块划分方案评选中发挥较大的作用。因此,从进行模块划分方案评选以区分其优劣的角度来考虑,评选指标的权重应随其指标值之间差异的增大而增大,这一思想可通过区间直觉模糊最大偏差法实现。

对于模块划分方案评选指标 E_j,方案 A_i 的指标值 $\tilde{D}(i, j)$ 与方案 A_k 的指标值 $\tilde{D}(k, j)$ 之间的偏差度 $DV_j(i, k)$ 可用区间直觉模糊交互信息熵来表

达,则 $DV_j(i, k)$ 可表示为

$$DV_j(i, k) = E^*[\tilde{D}(i, j), \tilde{D}(k, j)] \tag{5-27}$$

其中,区间直觉模糊交互信息熵 $E^*[\tilde{R}(i, j), \tilde{R}(k, j)]$ 可按照式(5-6)与式(5-7)来计算。

对于模块划分方案评选指标 E_j 而言,所有模块划分方案的指标值与其他方案指标值之间总偏差度 DV_j 可以表示为

$$DV_j = \sum_{i=1}^{n} \sum_{k=1, k\neq i}^{n} D_j(i, k) = \sum_{i=1}^{n} \sum_{k=1, k\neq i}^{n} E^*[\tilde{D}(i, j), \tilde{D}(k, j)] \tag{5-28}$$

合理的指标权重应该使得所有评选指标在所有模块划分方案上的指标值总偏差度 D 最大。因此,求解各指标的客观权重相当于求解如下区间直觉模糊最大偏差模型:

$$\text{Max} \, DV = \sum_{j=1}^{m} DV_j w_{oj}^* = \sum_{j=1}^{m} \sum_{i=1}^{n} \sum_{k=1, k\neq i}^{n} E^*[\tilde{D}(i, j), \tilde{D}(k, j)] w_{oj}^* \tag{5-29}$$

$$\text{s. t.} \begin{cases} \sum_{j=1}^{m} (w_{oj}^*)^2 = 1 \\ w_j^* \geqslant 0 \end{cases} \tag{5-30}$$

其中,w_{oj}^* 为评选指标 E_j 的客观权重,它的最优解为

$$w_{oj}^* = \frac{\sum_{i=1}^{n} \sum_{k=1, k\neq i}^{n} E^*[\tilde{D}(i, j), \tilde{D}(k, j)]}{\sqrt{\sum_{j=1}^{m} \left\{ \sum_{i=1}^{n} \sum_{k=1, k\neq i}^{n} E^*[\tilde{D}(i, j), \tilde{D}(k, j)] \right\}^2}} \tag{5-31}$$

对 w_{oj}^* 进行归一化,则得到评选指标 E_j 的归一化客观权重 w_{oj}:

$$w_{oj} = \frac{\sum_{i=1}^{n} \sum_{k=1, k\neq i}^{n} E^*[\tilde{D}(i, j), \tilde{D}(k, j)]}{\sum_{j=1}^{m} \sum_{i=1}^{n} \sum_{k=1, k\neq i}^{n} E^*[\tilde{D}(i, j), \tilde{D}(k, j)]} \tag{5-32}$$

评选指标 E_j 的主观权重 w_{sj} 由设计专家根据主观经验确定。最后,采用

乘积权重合成法,将客观权重 w_{oj} 及主观权重 w_{sj} 集成起来,从而形成评选指标 E_j 的综合权重 w_j:

$$w_j = \frac{w_{oj} \times w_{sj}}{\sum\limits_{j=1}^{m} w_{oj} \times w_{sj}} \tag{5-33}$$

(3) 确定模块划分方案的正负理想解。第 i 个模块划分方案的区间直觉模糊评选信息 $\tilde{A}_i$ 可表示为

$$\tilde{A}_i = \{\tilde{D}(i, j) \mid j = 1、2、\cdots、m\} \tag{5-34}$$

基于区间直觉模糊多属性评选矩阵 $\tilde{D}$ 可以得到方案的区间直觉模糊正理想解 $\tilde{A}^+$ 及区间直觉模糊负理想解 $\tilde{A}^-$:

$$\tilde{A}^+ = \{[(\max_i \tilde{D}(i, j) \mid j \in B), (\min_i \tilde{D}(i, j) \mid j \in C)] \mid j = 1、2、\cdots、m\} \tag{5-35}$$

$$\tilde{A}^- = \{[(\min_i \tilde{D}(i, j) \mid j \in B), (\max_i \tilde{D}(i, j) \mid j \in C)] \mid j = 1、2、\cdots、m\} \tag{5-36}$$

式中 B——效益型指标集合;

   C——成本型指标集合。

(4) 计算各模块划分方案区间直觉模糊评选信息与区间直觉模糊正理想解及区间直觉模糊负理想解之间的距离。本书采用区间直觉模糊集的交互信息熵表示:

$$d_i^+ = E^*(\tilde{A}_i, \tilde{A}^+) \quad (i = 1、2、\cdots、n) \tag{5-37}$$

$$d_i^- = E^*(\tilde{A}_i, \tilde{A}^-) \quad (i = 1、2、\cdots、n) \tag{5-38}$$

式中 d_i^+——模块划分方案 A_i 评选信息与正理想解 $\tilde{A}^+$ 之间的距离;

   d_i^-——其与负理想解 $\tilde{A}^-$ 的距离。

$E^*(\tilde{A}_i, \tilde{A}^+)$、$E^*(\tilde{A}_i, \tilde{A}^-)$ 根据式(5-6)与式(5-7)来计算。

(5) 计算各模块划分方案的贴近度系数。在得到各模块划分方案的 d_i^+ 及 d_i^- 之后,可基于此计算方案 $\tilde{A}_i$ 与理想解的贴近度系数 C_i:

$$C_i = \frac{d_i^-}{d_i^- + d_i^+} \quad (i = 1、2、\cdots、n) \tag{5-39}$$

由上式可看出,随着模块划分方案 $\tilde{A}_i$ 向区间直觉模糊正理想解 $\tilde{A}^+$ 的接

近,其贴近度系数 C_i 将不断增大,逐步趋向于 1。因而,可根据贴近度系数将模块划分方案进行排序,并选取贴近度系数值最大的方案作为最佳模块划分方案。

5.5　个性化产品模块的分类

在确定了个性化产品的模块划分方案以后,要对模块进行设计并基于模块确定配置方案及产品结构,而开展这些活动的前提是模块的分类。采用开放结构的个性化产品主要由基本模块、定制模块、个性模块构成,不同类型的模块具有不同的设计及管理特点。因此,合理地对模块进行分类有助于提高模块设计及管理的针对性。个性化产品模块划分的主要依据是客户对模块控制能力的强弱,即模块的个性化度。从基本模块、定制模块到个性模块,其个性化度依次升高。根据个性化产品各类模块的特点,本书构建了模块的个性化评价指标,基于此衡量模块的个性化度,并根据个性化度确定模块的类别,为后续个性化产品配置及模块管理做准备。

5.5.1　个性化产品模块的个性化评价指标

个性化产品模块的个性化度主要从模块的变异度、变更影响度、客户参与度、供应柔性、复杂度及成本六个方面进行分析。假设个性化产品包括 n 个模块。

1) 模块的变异度

为了满足客户价值需求的多样化及动态性,个性化产品的模块需要通过参数定制、模块升级等措施以实现其对应性能水平的变化。本书将模块性能水平变化的强弱用变异度来表示。基本模块主要实现产品的基本功能,其性能水平相对来说比较稳定,变化较小。定制模块通过在一定范围内放大或缩小其可调节参数以实现其性能的变化。个性模块则由客户进行具体设计,以实现不同的客户价值需求,其性能变化较大。由此看来,从基本模块、定制模块到个性模块,模块的变异度逐渐变大。由于模块性能实现的基础为其对应的产品技术特性,可将产品技术特性的变异度转化为模块的变异度。模块 M_i 的变异度 $\tilde{V}_i$ 可表示为

$$\tilde{V}_i = \frac{1}{n_i}\sum_{j=1}^{n_i}\widetilde{VC}_{ij} = \frac{1}{n_i}\sum_{j=1}^{n_i}\sum_{t=1}^{m}\tilde{R}_{ijt}\frac{\dfrac{\sigma_{\mathrm{TC}_t}}{\mu_{\mathrm{TC}_t}}}{\sum_{t=1}^{m}\dfrac{\sigma_{\mathrm{TC}_t}}{\mu_{\mathrm{TC}_t}}} \qquad (5-40)$$

式中 n_i——模块 M_i 中零部件的数目；

$\widetilde{VC}_{ij}$——第 j 个零部件 C_{ij} 的变异度；

m——产品技术特性的数目；

$\widetilde{R}_{ijt}$——零部件 C_{ij} 与产品技术特性 TC_t 的关联强度，可由式（5-1）的矩阵中得到；

μ_{TC_t}——技术特性满足水平的平均值；

σ_{TC_t}——技术特性满足水平的标准差。

2）模块的变更影响度

个性化产品的模块虽然具有一定的独立性，但模块之间仍存在耦合关系，这导致一方面，某个模块的变更可能会传播到其他的模块中，即变更输出；另一方面，该模块可能会接收到其他模块的变更影响，即变更输入。因而，模块的变更影响度可分为变更输出影响度及变更输入影响度两部分。本书通过构建变更影响矩阵来分析模块的变更输出影响度及变更输入影响度，并进一步计算模块的变更影响度。变更影响矩阵 $\widetilde{\boldsymbol{A}}$ 可表示为

$$\widetilde{\boldsymbol{A}} = [\widetilde{A}(i, j)]_{n \times n} = \begin{matrix} & M_1 & M_2 & \cdots & M_n & \\ \begin{bmatrix} \widetilde{A}(1, 1) & \widetilde{A}(1, 2) & \cdots & \widetilde{A}(1, n) \\ \widetilde{A}(2, 1) & \widetilde{A}(2, 2) & \cdots & \widetilde{A}(2, n) \\ \vdots & \vdots & \ddots & \vdots \\ \widetilde{A}(n, 1) & \widetilde{A}(n, 2) & \cdots & \widetilde{A}(n, n) \end{bmatrix} & \begin{matrix} M_1 \\ M_2 \\ \vdots \\ M_n \end{matrix} \end{matrix}$$

$$(5-41)$$

当 $i \neq j$ 时，$\widetilde{A}(i, j)$ 表示模块 M_i 的变更对模块 M_j 所产生的影响的强度，其值采用区间直觉模糊数来表达，由设计人员采用表 5-1 中所示的评价标度给出。若 $i = j$，则 $\widetilde{A}(i, i) = ([1, 1], [0, 0])$。模块 M_i 的变更输出影响度 $\widetilde{OC}_i$ 及变更输入影响度 $\widetilde{IC}_i$ 分别可以表示为

$$\widetilde{OC}_i = \frac{1}{n} \sum_{j=1, j \neq i}^{n} \widetilde{A}(i, j) \tag{5-42}$$

$$\widetilde{IC}_i = \frac{1}{n} \sum_{j=1, j \neq i}^{n} \widetilde{A}(j, i) \tag{5-43}$$

则模块 M_i 的变更影响度为 CI_i：

$$CI_i = \frac{s(\widetilde{IC}_i) - 1}{[s(\widetilde{IC}_i) - 1] + [s(\widetilde{OC}_i) - 1]} \tag{5-44}$$

式中　$s(\widetilde{IC}_i)$ 与 $s(\widetilde{OC}_i)$——分别表示变更输入影响度与变更输出影响度的得分值,由于得分值可能存在负值,从而影响变更影响度的计算,式(5-44)统一将其减去 1。

由上式可以看出,当模块的变更输入影响越大、变更输出影响越小时,模块的变更影响度值较大,其可个性化程度也较高,反之亦然。为便于后续计算,需将变更影响度 CI_i 转化为区间直觉模糊数 $\widetilde{CI}_i$。

3)模块的客户参与度

客户参与是实现模块个性化的关键途径,客户参与度与模块的个性化度成正比。本书从客户参与阶段及客户参与方式两方面分析客户参与度。其中,$s = 1、2、\cdots、S$,依次代表参与阶段;$t = 1、2、\cdots、T$,依次代表客户参与方式。本书中客户参与阶段包括设计、制造、交付、服务,客户参与方式包括提出需求、过程参与及结果评价。参与阶段及参与方式所代表的客户参与度,分别由 $\widetilde{CS}_s$ 及 $\widetilde{CW}_t$ 表示。基于此,可构建模块 M_i 的客户参与评价矩阵 $\boldsymbol{CP}_i$(表 5-6):

表 5-6　个性化产品模块的客户参与评价表

$\widetilde{CS}_s$	$\widetilde{CW}_t$		
	提出要求 ([0.50, 0.55], [0.40, 0.45])	过程参与 ([0.90, 0.95], [0.02, 0.05])	结果评价 ([0.20, 0.25], [0.70, 0.75])
设计 ([0.90, 0.95], [0.02, 0.05])			
制造 ([0.50, 0.55], [0.40, 0.45])		$CP(s, t)$	
交付 ([0.30, 0.35], [0.60, 0.65])			
服务 ([0.20, 0.25], [0.70, 0.75])			

$$\boldsymbol{CP}_i = [CP_i(s, t)]_{4 \times 3} \tag{5-45}$$

$$CP_i(s,t)=\begin{cases}1, & \text{客户在 } s \text{ 阶段以第 } t \text{ 种方式参与模块 } M_i \text{ 的设计}\\0, & \text{客户未参与}\end{cases}$$

$$(5-46)$$

则模块 M_i 的客户参与度 $\widetilde{CC}_i$ 可表示为

$$\widetilde{CC}_i = \frac{1}{S \cdot T} \sum_{s=1}^{S} \sum_{t=1}^{T} \widetilde{CC}_i(s,t) \tag{5-47}$$

$$\widetilde{CC}_i(s,t)=\begin{cases}\widetilde{CS}_s\widetilde{CW}_t, & CP_i(s,t)=1\\([0,0],[1,1]), & CP_i(s,t)=0\end{cases} \tag{5-48}$$

4) 模块的复杂度

从基本模块、定制模块到个性模块,客户的参与度逐步加深。由于客户自身专业技术及设计能力的局限性,模块应降低其设计复杂度以便于提升客户参与度。因而,模块的复杂度是其类别划分的一个关键依据。模块 M_i 的复杂度 $\widetilde{CP}_i$ 由设计人员依据表 5-7 所示的评价指标来确定。

表 5-7   模块个性化度的评价语义术语和对应的区间直觉模糊数形式

个性化度评价语义信息	直觉区间模糊数
很高	[0.90, 0.95], [0.02, 0.05]
高	[0.70, 0.75], [0.20, 0.25]
一般	[0.50, 0.55], [0.40, 0.45]
低	[0.20, 0.35], [0.70, 0.75]
很低	[0.02, 0.05], [0.90, 0.95]

5) 模块的供应柔性

在个性化产品中,模块的供应柔性主要表现在供应商的可替换性及供应周期的长短两方面。对于供应柔性较低的模块,其对应供应商具有较强的专业技术能力,可替换性较差,同时模块的供应周期比较长,表明该类模块的客户参与度较低、复杂度较高,因而具有较低的个性化度,反之亦然。模块 M_i 的供应柔性 $\widetilde{SF}_i$ 由设计人员依据表 5-7 所示的评价指标来确定。

6）模块的成本

个性化产品设计过程中，需要考虑企业的资源投入约束，其中成本是一项关键的资源投入。模块的成本投入是其类别分析的一项重要依据。通常情况下，对于成本投入较高的模块，应赋予其较低的个性化度，使模块保持较高的稳定性以通过标准化生产来提高模块的经济性。相反，个性化程度较高的模块需要根据客户的价值需求进行多样化定制设计，模块的频繁变更需要进一步的成本投入，此类模块具有较低的成本投入才能保证其个性化的经济性。模块 M_i 的成本指数 $\tilde{C}_i$ 由设计人员依据表 5 - 7 所示的评价指标来确定。

5.5.2　基于区间直觉模糊最小交互熵法的个性化产品模块类别分析

依据上述的模块个性化度评价指标对产品的每个模块进行分析，基于此可计算模块的个性化度，并进行模块分类。其主要流程如下。

1）构建模块的个性化度评价矩阵

假设个性化产品包括 n 个模块 $M_i(i=1、2、\cdots、n)$，模块的个性化度由 m 个指标 $I_j(j=1、2、\cdots、m)$ 来衡量。设计专家根据设计数据、经验知识分别分析各模块关于个性化评价指标的指标值，从而构成模块的个性化度区间直觉模糊评价矩阵 $\tilde{R}$：

$$\tilde{R}=[\tilde{R}(i,j)]_{n\times m}=\begin{matrix} & I_1 & I_2 & \cdots & I_m & \\ \begin{bmatrix} \tilde{R}(1,1) & \tilde{R}(1,2) & \cdots & \tilde{R}(1,n) \\ \tilde{R}(2,1) & \tilde{R}(2,2) & \cdots & \tilde{R}(2,n) \\ \vdots & \vdots & \ddots & \vdots \\ \tilde{R}(n,1) & \tilde{R}(n,2) & \cdots & \tilde{R}(n,m) \end{bmatrix} & \begin{matrix} M_1 \\ M_2 \\ \vdots \\ M_n \end{matrix} \end{matrix}$$

$$(5-49)$$

式中　$\tilde{R}(i,j)$——模块 M_i 关于指标 I_j 的评价值，其表达形式为区间直觉模糊数。

由于评价指标可分为效益型指标及成本型指标，需对评价矩阵 $\tilde{R}=[\tilde{R}(i,j)]_{n\times m}$ 进行规范化处理，从而将其转化为 $\tilde{Q}=[\tilde{Q}(i,j)]_{n\times m}$，其中

$$\tilde{Q}(i,j)=\begin{cases} \tilde{R}(i,j), & I_j\in B \\ \overline{\tilde{R}(i,j)}, & I_j\in C \end{cases} \qquad (5-50)$$

式中 B——效益型指标的集合；

C——成本型指标的集合。

$\tilde{R}(i,j)$ 为 $\widetilde{R}(i,j)$ 的补集，若 $\widetilde{R}(i,j)=([\underline{\alpha}_{ij},\bar{\alpha}_{ij}],[\underline{\beta}_{ij},\bar{\beta}_{ij}])$，则 $\tilde{R}(i,$ $j)=([\underline{\beta}_{ij},\bar{\beta}_{ij}],[\underline{\alpha}_{ij},\bar{\alpha}_{ij}])$。

2）计算模块的综合个性化度指数

通常，综合个性化度指数要尽可能反映并接近每一项模块个性化度评价指标下的个性化度指数。最终集成的综合个性化度指数与整体评价信息的接近度可以用综合个性化度指数与每个子个性化度指数的偏差来表示。本书采用综合个性化度指数 $\widehat{PI}_i$ 与每个子个性化度指数 $\tilde{Q}(i,j)$ 的信息熵的加权和作为最终决策结果的偏离度：

$$D_i=\sum_{j=1}^{m}w_jE^*[\widehat{PI}_i,\tilde{Q}(i,j)] \qquad (5-51)$$

式中 w_j——各模块个性化度评价指标的权重，可利用两两配对比较法而得到；

$\widehat{PI}_i=([\underline{\alpha}_i,\bar{\alpha}_i],[\underline{\beta}_i,\bar{\beta}_i])$，$\tilde{Q}(i,j)=([\underline{\alpha}_{ij},\bar{\alpha}_{ij}],[\underline{\beta}_{ij},\bar{\beta}_{ij}])$。

在决策意见集成过程中，综合个性化度指数与所有子个性化度指数的总相离应该达到最小，以使综合个性化度指数能够全面反映所有评价指标下的子个性化度指数。这一思想可通过区间直觉模糊加权最小交互熵模型实现，该模型以最小化集成偏差为目标对子个性化度评价意见进行集成：

$$\min D_i=\sum_{j=1}^{m}w_jE^*[\widehat{PI}_i,\tilde{Q}(i,j)]=\sum_{k=1}^{K}w_k\Big(\frac{\underline{\alpha}_i+\bar{\alpha}_i+2-\underline{\beta}_i-\bar{\beta}_i}{8}\times$$

$$\ln\frac{2(\underline{\alpha}_i+\bar{\alpha}_i+2-\underline{\beta}_i-\bar{\beta}_i)}{\underline{\alpha}_i+\bar{\alpha}_i+2-\underline{\beta}_i-\bar{\beta}_i+\underline{\alpha}_{ij}+\bar{\alpha}_{ij}+2-\underline{\beta}_{ij}-\bar{\beta}_{ij}}+\frac{\underline{\beta}_i+\bar{\beta}_i+2-\underline{\alpha}_i-\bar{\alpha}_i}{8}\times$$

$$\ln\frac{2(\underline{\beta}_i+\bar{\beta}_i+2-\underline{\alpha}_i-\bar{\alpha}_i)}{\underline{\beta}_i+\bar{\beta}_i+2-\underline{\alpha}_i-\bar{\alpha}_i+\underline{\beta}_{ij}+\bar{\beta}_{ij}+2-\underline{\alpha}_{ij}-\bar{\alpha}_{ij}}+\frac{\underline{\alpha}_{ij}+\bar{\alpha}_{ij}+2-\underline{\beta}_{ij}-\bar{\beta}_{ij}}{8}\times$$

$$\ln\frac{2(\underline{\alpha}_{ij}+\bar{\alpha}_{ij}+2-\underline{\beta}_{ij}-\bar{\beta}_{ij})}{\underline{\alpha}_{ij}+\bar{\alpha}_{ij}+2-\underline{\beta}_{ij}-\bar{\beta}_{ij}+\underline{\alpha}_i+\bar{\alpha}_i+2-\underline{\beta}_i-\bar{\beta}_i}+\frac{\underline{\beta}_{ij}+\bar{\beta}_{ij}+2-\underline{\alpha}_{ij}-\bar{\alpha}_{ij}}{8}\times$$

$$\ln \frac{2(\underline{\beta}_{ij} + \overline{\beta}_{ij} + 2 - \underline{\alpha}_{ij} - \overline{\alpha}_{ij})}{\underline{\beta}_{ij} + \overline{\beta}_{ij} + 2 - \underline{\alpha}_{ij} - \overline{\alpha}_{ij} + \underline{\beta}_i + \overline{\beta}_i + 2 - \underline{\alpha}_i - \overline{\alpha}_i}) \qquad (5-52)$$

$$\text{s. t.} \begin{cases} 0 \leqslant \underline{\alpha}_i \leqslant \overline{\alpha}_i \leqslant 1 \\ 0 \leqslant \underline{\beta}_i \leqslant \overline{\beta}_i \leqslant 1 \\ 0 \leqslant \overline{\alpha}_i + \beta_i \leqslant 1 \end{cases} \qquad (5-53)$$

该模型的优化结果为模块 M_i 的综合个性化度指数 $\widetilde{PI}_i$。为了便于比较模块的个性化度,分别用式(5-1)的区间直觉模糊数得分函数及式(5-2)的精确函数计算模块 M_i 的区间直觉模糊个性化度 $\widetilde{PI}_i$ 的得分值 $s(\widetilde{PI}_i)$ 及精确值 $h(\widetilde{PI}_i)$。

3)模块的类别划分

根据模块的个性化度,从小到大依次对模块进行排序,其比较依据为模块 M_i 的区间直觉模糊个性化度 $\widetilde{PI}_i$ 对应的得分值 $s(\widetilde{PI}_i)$ 及精确值 $h(\widetilde{PI}_i)$,模块 M_i 的排序号记为 O_i。根据企业产品的实际情况由设计人员确定个性化产品中基本模块、定制模块及个性模块的分布比例分别为 α_b、α_c、α_p,按照分布比例将模块排序序列划分为三段,则各序列段对应模块分别为基本模块、定制模块及个性模块。模块分类过程可表示为

$$M_i \in \begin{cases} B, & O_i \leqslant \text{round}(\alpha_b \cdot n) \\ C, & \text{round}(\alpha_b \cdot n) < O_i \leqslant \text{round}[(\alpha_c + \alpha_b) \cdot n] \\ P, & \text{round}[(\alpha_c + \alpha_b) \cdot n] < O_i \leqslant n \end{cases} \qquad (5-54)$$

式中　B、C、P——分别表示基本模块集合、定制模块集合及个性模块集合。

模块分布比例取不同值,模块划分结果也有所区别。

第6章 个性化产品的配置优化方法

在个性化生产模式中,产品配置以客户价值需求为主要依据,通过选择并组合模块实例以形成合理的个性化产品设计方案,是企业完成个性化订单的核心环节。因而,构建有效的个性化产品配置优化模型,并基于此配置出满足客户价值需求的个性化产品设计方案,是企业在短时间内准确响应客户价值需求的关键因素。传统产品配置优化模型的优化目标主要为产品本身的成本、性能及时间,体现的是产品中心论,对客户的价值需求状况与个性特征基本没有考虑,适用于卖方市场。但个性化产品的市场结构已由卖方市场转为买方市场,客户的购买决策依据是以产品成本、时间、客户价值需求、客户个性特征为基础的客户价值,现有基于产品中心论的产品配置优化方法已不适应。此外,目前多数配置优化模型难以处理个性化产品配置信息的不确定性。

因此,本章的目的是在以客户为中心的个性化产品配置优化过程中,抓住客户认知的本质特征构建以客户价值(产品成本、时间、客户价值需求、客户个性特征)为目标的不确定信息环境下的个性化产品配置优化模型。内容主要包括:①个性化产品配置优化流程;②个性化产品配置网络构建;③个性化产品配置优化模型构建;④个性化产品配置优化模型求解。

6.1 个性化产品的配置优化流程

本章将个性化产品配置方案的客户价值划分为三部分:成本、时间及客户满意度。其中,成本、时间为利失价值,客户满意度为利得价值,个性化产品配置优化模型的目标应该是利得与利失价值的最佳权衡。配置方案的客户满意度主要表现其对特定情境下客户价值需求的满足程度。然而,客户价值需求与模块实例之间存在复杂的关联关系,这导致配置方案的客户满意度计算存在一定的困难。本书通过构建引入情境特征的个性化产品配置网络来确定配置方案所对应的情境特征及客户价值需求,并基于此计算客户满意度。基于上述分析,个性化产品的配置优化流程主要包括三部分(图 6 - 1):基于遗传 BP 神经网络(GA - BPNN)的个性化产品配置网络的构建、基于机会约束规划策略的个性化产品模糊多目标配置优化模型的构建、基于模糊模拟改进非支配遗传算法(FM - NSGA - Ⅱ)的个性化产品模糊多目标配置优化模型的求解。

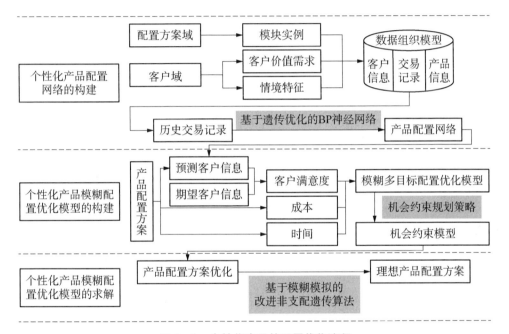

图 6 - 1 个性化产品的配置优化流程

(1) 首先将产品配置方案域、客户域分别作为个性化产品配置网络的输入、输出,并根据各对象之间的关联关系构建数据组织模型以对历史交易信息进行记录。然后,基于历史交易记录利用遗传算法优化的前馈神经网络挖掘产品配置方案域及客户域之间的关系,即构建个性化产品配置网络。

(2) 通过个性化产品配置网络可预测产品配置方案所对应的客户信息,根据预测客户信息及期望客户信息计算配置方案的客户满意度。以客户满意度、成本、时间为目标,结合考虑个性化产品配置的不确定性,构建个性化产品多目标模糊配置优化模型。为处理优化模型中的模糊信息,采用机会约束规划策略将多目标模糊配置优化模型转化为机会约束多目标优化模型。

（3）构建基于模糊模拟的改进非支配遗传算法，并用来对个性化产品机会约束多目标配置优化模型进行求解，从而得到最佳个性化产品配置方案。

6.2　个性化产品配置网络的构建

6.2.1　个性化产品配置网络的表达

个性化产品配置方案所能满足的客户价值需求是客户购买个性化产品的主要依据，配置方案优化的目标应该是在成本及时间最小化的前提下最大限度地满足客户的个性化价值需求，即达到客户满意度最大。个性化产品配置方案客户满意度确定的关键是建立产品配置方案与客户价值需求之间关系，即构建个性化产品配置网络。然而，个性化产品的复杂化、客户价值需求项的多样化及客户对产品认识的不足使得客户价值需求的表达具有较大的复杂性与不确定性，需要客户与销售人员在客户价值需求的表达及搜集中深度投入，这些将使客户产生感知困扰，同时导致配置网络的个性化缺失。

为了有效降低客户的感知困扰及配置网络的个性化缺失，结合考虑客户价值需求的情境特征，本书将客户的情境特征引入了配置网络，构建了一种能够实现个性化区分的个性化产品配置网络，如图6-2所示。其中，情境特征是对

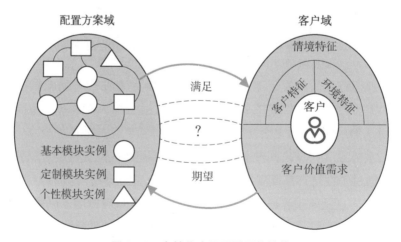

图6-2　个性化产品配置网络结构

客户及客户所处环境的描述,包括客户特征及环境特征。客户特征是对客户本身属性的描述,个体用户特征包括性别、年龄、职业、教育程度、消费水平、兴趣爱好等;企业客户特征包括行业、员工数量、经济规模、企业性质等。环境特征用来描述在产品使用过程中客户所处的自然和社会环境,主要包括地域、温度、湿度、光照、风俗习惯、宗教信仰、政治文化等。

引入情境特征的个性化产品配置网络主要具有以下两方面的优势:一方面,情境特征是对客户自身的客观描述,情境特征的赋值并不会增加客户的配置压力;另一方面,不同的配置方案可能对应处于不同情境特征下的相同客户价值需求,情境特征的引入使得这种差异得以区分,从而有效缓解客户的感知困扰,提高配置方案的准确性及个性化水平。

由此可知,个性化产品配置网络的输入端为产品配置方案域信息,由模块实例构成;输出端为客户域信息,包括客户价值需求及情境特征。

在配置方案域,产品的模块集合可表示为 $M = \{M_1, M_2, M_3\}$,其中 M_1 为基本模块集合,M_2 表示定制模块集合,M_3 表示个性模块集合。第 i 类模块的集合为 $M_i = \{M_{i1}, M_{i2}, \cdots, M_{ij}, \cdots, M_{in_i}\}$,其中 $i = 1$、2、3;$j = 1$、2、$\cdots$、n_i,n_i 表示第 i 类模块的数目,M_{ij} 表示第 i 类模块集合中的第 j 个模块。模块的实例集合为 $M_{ij} = \{M_{ij1}, M_{ij2}, \cdots, M_{ijk}, \cdots, M_{ijm_{ij}}\}$,其中 $i = 1$、2、3;$j = 1$、2、$\cdots$、n_i;$k = 1$、2、$\cdots$、m_{ij},m_{ij} 表示第 i 类模块集合中第 j 个模块的实例数目,M_{ijk} 表示第 i 类模块集合中的第 j 个模块的第 k 个模块实例。因此,一个特定的产品配置方案可以表示为 $P^* = \{M_{ijk} \times \varepsilon_{ijk} \mid i = 1$、2、3;$j = 1$、2、$\cdots$、$n_i$;$k = 1$、2、$\cdots$、$m_{ij}\}$,其中 ε_{ijk} 的取值为 1 或 0,分别表示模块实例 M_{ijk} 是否存在于配置方案中。根据模块是否必须要参与配置,个性化产品的模块分为可选模块及必选模块:若 M_{ij} 为必选模块,则 M_{ij} 有且只有一个模块实例存在于配置方案中,即 $\sum_{k=1}^{M_{ijk}} \varepsilon_{ijk} = 1$;若 M_{ij} 为可选模块,则 M_{ij} 最多只有一个模块实例出现在配置方案中,即 $\sum_{k=1}^{M_{ijk}} \varepsilon_{ijk} \leqslant 1$。

在客户域,客户价值需求可表示为 $CR = \{CR_1, CR_2, \cdots, CR_p, \cdots, CR_n\}$,$n$ 表示客户价值需求的数目。客户特征可表示为 $CC = \{CC_1, CC_2, \cdots, CC_q, \cdots, CC_f\}$,$f$ 表示客户特征的数目;环境特征集合为 $EC = \{EC_1, EC_2, \cdots, EC_h, \cdots, EC_g\}$,$g$ 表示环境特征的数目。为方便表达,将

客户价值需求、客户特征及环境特征统一表示为客户信息,即 $CI = \{CVA, CC, EC\} = \{CI_1, CI_2, \cdots, CI_t \cdots, CI_{n+f+g}\}$,则一个特定的客户可表示为 $CI^* = \{CIV_t \mid t = 1、2、\cdots、(n+f+g)\}$,其中 CIV_t 为 CI_t 的属性值。

由于客户信息组成要素的多样性,需要针对不类型的客户信息要素采用不同的数据类型来表达其属性值,本章主要考虑两种形式的客户信息,即数值信息及类型信息。其中,客户价值需求 $CI_t (t = 1、2、\cdots、n)$ 的属性值为数值信息,通常采用 0 和 1 之间的数值表达其性能的强弱程度,则 $CIV_t \in [0, 1]$。情境特征通常为类型信息,其属性值是由一系列预定义的选项构成,选项之间存在互斥关系,则情境特征 $CI_t (t = n+1、n+2、\cdots、n+f+g)$ 的值域可表示为 $CIVR_t = \{CIV_t^1, CIV_t^2, \cdots, CIV_t^{r_t}\}$,其中 r_t 为 CI_t 属性的选项个数,CI_t 的一个特定属性值可以表示为 $CIV_t = \{CIV_t^h \times \varphi_{th} \mid h = 1、2、\cdots、r_t\}$,其中 φ_{th} 的取值为 1 或 0,分别表示客户信息 CI_t 的属性值是否为 CIV_t^h,且 $\sum\limits_{h=1}^{r_t} \varphi_{th} = 1$。

基于以上描述,个性化产品配置网络构建的目的可以被描述为根据配置方案确定其所对应的客户信息,即 $P^* \Rightarrow CI^*$。

个性化产品的每一条交易记录可用配置方案及相关客户信息表示。为此,本书根据配置方案与客户信息之间的关系构建了数据组织模型(图 6 - 3),以便于客户交易记录的存储及查询。

6.2.2 个性化产品配置网络的构建方法

虽然情境特征、客户价值需求的引入有助于缓解客户感知困扰,但是情境特征、客户价值需求及产品配置方案之间的关系复杂,难以建立精确数学模型对其进行表达。而对企业交易记录进行挖掘以构建配置网络则因其客观、自适应等优点成为可行的思路。考虑到 BP 神经网络具有自组织、自学习、并行处理、鲁棒性等特点,但易陷入局部极小、收敛速度慢和引起振荡效应,而遗传算法具有较强的全局寻优能力,能以较大概率获取全局最优解。本书将两者结合,应用遗传算法对 BP 神经网络的权重及阈值进行优化,形成 GA - BPNN 算法,用来构建产品配置网络。

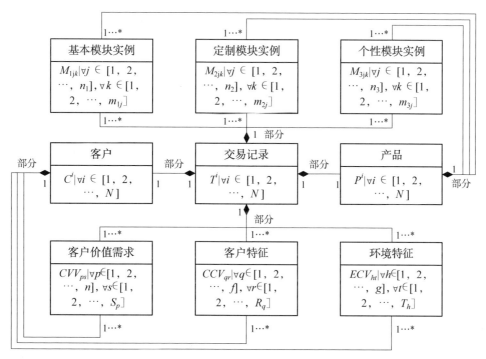

图 6 - 3 个性化产品的交易记录数据组织模型

构建产品配置网络之前,首先要从相关数据库中抽取历史交易记录,对数据进行处理形成配置信息表,并从中选择配置网络的训练样本和测试样本。配置信息表中模块实例及类型客户信息要素的配置信息用布尔变量表示,数值型客户信息的属性值需要用 0 和 1 之间的数值表示。

假设某个性化产品有 m 个模块实例,对应 n 项客户信息,则需构建 n 个子配置网络来预测各项客户信息。每个子配置网络包括 m 个输入层神经元、k 个隐层神经元、l 个输出层神经元。输入层神经元以布尔变量表示模块实例的配置信息。输出层神经元表示客户信息的属性值,对于数值型客户信息,$l = 1$;类型客户信息对应的输出神经元用布尔变量表示,l 值为客户信息对应选项值的个数。隐层神经元的个数 k 可根据以下经验公式计算:

$$k = \sqrt{m + l} + a \qquad (6-1)$$

式中 a——0~10 的常数。

GA - BPNN 算法的主要流程如图 6 - 4 所示。

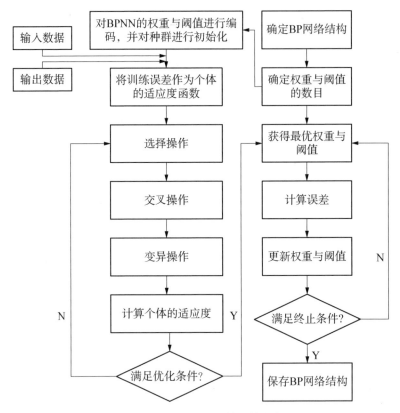

图 6‑4　GA‑BPNN算法的流程

步骤 1：设置神经网络的结构，确定输入层、隐层及输出层神经元的个数分别为 m、k、l。

步骤 2：设置遗传算法的参数，包括种群规模 $Size$、最大进化代数 G、交叉率 P_C 及变异率 P_M。

步骤 3：随机生成一组初始种群，设定进化代数 $g=0$。染色体编码采用实数编码方案，基因值用来表示神经网络输入层、隐层和输出层之间的权值和阈值。每条染色体的长度为

$$L = m \times k + k \times l + k + l \qquad (6-2)$$

步骤 4：将初始化种群中的权值及阈值赋予神经网络，输入训练样本进行网络训练，基于网络的输出值计算各染色体的适应度：

$$f = \frac{1}{\left(\sum\limits_{j=1}^{t}\sum\limits_{i=1}^{l} |Y_{i,j} - O_{i,j}|\right)} \quad\quad (6-3)$$

式中　$Y_{i,j}$——第 i 个输出节点的期望值；

　　　$O_{i,j}$——第 i 个输出节点的实际值；

　　　t——训练样本的个数。

步骤 5：应用选择、交叉、变异算子对染色体进行选择、交叉、变异操作，产生新一代种群，令 $g = g + 1$。

步骤 6：若 $g = G$，则停止遗传优化，执行步骤 7，否则执行步骤 4、5。

步骤 7：从种群中选择适应度值最大的染色体，将其对应的权值及阈值作为 BP 网络的初始权重及阈值，对 BP 网络进行训练。达到训练要求后，固化网络，从而形成个性化产品的配置网络。

6.3　个性化产品配置优化模型的构建

个性化产品的配置优化是基于一定的成本、时间及结构约束，以客户满意度最大、成本最低和交付时间最短为目标在预先建立的模块实例集中对模块实例进行优化组合，从而形成合理的配置方案。

假设个性化产品的模块划分方案中，存在 N_1 个必选模块、N_2 个可选模块。在个性化产品配置方案表达的基础上，个性化产品配置方案的构建过程可以描述为：在 N_1 个必选模块对应的模块实例集合中各选一个模块实例，在 N_2 个可选模块中选择 $N(N \leqslant N_2)$ 个模块参与配置，并从 N 个模块对应的模块实例集合中各选一个模块实例，则被选中的 $N_1 + N$ 个模块实例形成个性化产品的配置方案，基于配置方案所设计的产品可满足特定的客户，配置方案的实现需要投入相应成本及时间。由于市场的变化及个性化产品结构的开放性，个性化产品配置过程中所涉及的成本信息、时间信息等配置信息存在较大的不确定性，且从基本模块、定制模块依次到个性模块，模块对应配置信息的不确定度依次加剧。如果不考虑这些配置信息的不确定性往往会造成个性化产品配置方案的不合理，进一步导致成本及交付时间超出预算，客户满意度的降低。因此，为了得到合理的个性化产品配置方案，就必须在考虑不确定配置信息的基础上对配置方案的客户满意度、成本及时间进行优化。

6.3.1 个性化产品多目标模糊配置优化模型的构建

基于上文描述,本书在成本、时间等约束基础上,将客户满意度、成本和交付时间作为优化目标,同时考虑配置信息的不确定性,构建了多目标模糊配置优化模型,以在不确定信息环境下获得合理的配置方案来达到客户满意度、成本及时间的均衡折中优化,即实现客户价值最优化。

6.3.1.1 目标函数

1) 客户满意度优化目标

个性化产品配置方案对特定情境下客户价值需求的满足程度,是衡量客户满意度的主要依据。将客户价值需求及情景特征统一表示为客户信息。本书应用客户信息的期望值及预测值之间的差异来描述客户满意度。客户信息的期望值是指客户期望产品配置方案所能满足的客户价值需求及情境特征的属性值。客户可根据第 5 章所得到的客户价值需求的初始预测值,并结合自身的个性化需求来确定其对客户价值需求的期望值。客户信息的预测值是将新配置方案作为 6.2 节中所构建配置网络的输入,对配置方案的客户信息进行预测得到的。假设配置方案对应 $n+m$ 项客户信息要素,其中前 n 项为客户价值需求,后 m 项为情境特征,客户信息要素 CI_i 的期望值及预测值分别表示为 ECI_i、PCI_i。若 CI_i 为客户价值需求,由于客户价值需求分为效益型及成本型,需将 ECI_i、PCI_i 归一化为 $NECI_i$、$NPCI_i$:

$$NECI_i = \begin{cases} ECI_i & (i \in B) \\ 1 - ECI_i & (i \in C) \end{cases} \tag{6-4}$$

式中　B——效益型客户价值需求集合;

　　　C——成本型客户价值需求集合。

客户价值需求 CI_i 所对应的客户满意度可以表示为

$$S_i = Sim_i \times SI(NPCI_i) \quad (i = 1、2、\cdots、n) \tag{6-5}$$

$$Sim_i = \begin{cases} \dfrac{NECI_i}{NPCI_i} & (NECI_i < NPCI_i) \\ 1 & (NECI_i \geqslant NPCI_i) \end{cases} \tag{6-6}$$

式中　Sim_i——客户价值需求 CI_i 的预测值相对于期望值的满意度系数;

$SI(NPCI_i)$——客户价值需求 CI_i 的归一化预测值的理论客户满意度,其值根据式(4-22)来计算,公式中客户价值需求的类别由第 5 章中的优化模型确定。

若 CI_i 为情境特征,则其所对应的客户满意度可以表示为

$$S_i = \begin{cases} 1, & ECI_i = PCI_i; i = n+1, n+2, \cdots, n+m \\ 0, & ECI_i \neq PCI_i; i = n+1, n+2, \cdots, n+m \end{cases} \quad (6-7)$$

个性化产品配置优化的目标是使配置方案最大限度地满足客户信息的期望值,即达到客户满意度最大化,则建立客户满意度的优化模型:

$$\max S = \frac{\sum_{i=1}^{n+m} w_i \times S_i}{\sum_{i=1}^{n+m} w_i} \quad (6-8)$$

式中　w_i——各项客户信息的重要度,客户价值需求的重要度由 4.2 节中所介绍的方法确定,情境特征的重要度可采用层次分析法求得。

2) 产品成本优化目标

由于外部环境条件的变化及设计人员主观判断的模糊性,模块实例的成本评价往往呈现一定的不确定性,本书应用三角模糊数来表达成本信息中的不确定性,则模块实例的模糊成本矩阵可表示为

$$\widetilde{\boldsymbol{C}} = (\widetilde{C}_{111}, \widetilde{C}_{112}, \cdots, \widetilde{C}_{ijk}, \cdots, \widetilde{C}_{2n_2 m_{2n_2}}) \quad (6-9)$$

式中　$\widetilde{C}_{ijk}$——第 i 类模块的第 j 个模块集合中的第 k 个模块实例的成本,$\widetilde{C}_{ijk} = [C_{ijk}^{L}, C_{ijk}^{M}, C_{ijk}^{R}]$。

个性化产品配置优化的目标是最大限度地降低配置方案的总成本,则个性化产品配置方案的成本优化模型可以表示为

$$\min \widetilde{C}_R = \sum_{i=1}^{3} \sum_{j=1}^{n_i} \sum_{k=1}^{m_{ij}} \varepsilon_{ijk} \widetilde{C}_{ijk} \quad (6-10)$$

式中　ε_{ijk} 的取值为 1 或 0,分别表示模块实例 M_{ijk} 是否存在于配置方案中。

3) 产品交付时间优化目标

与模块实例成本评价相同,模块实例的交付时间评价存在一定的不确定

性,同样采用三角模糊数来表达模块实例的交付时间,则模块实例的交付周期矩阵可表示为

$$\tilde{\boldsymbol{T}} = (\tilde{T}_{111}, \tilde{T}_{112}, \cdots, \tilde{T}_{ijk}, \cdots, \tilde{T}_{2n_2 m_{2n_2}}) \qquad (6-11)$$

式中　$\tilde{T}_{ijk}$——第 i 类模块的第 j 个模块集合中的第 k 个模块实例的交付周期, $\tilde{T}_{ijk} = [T_{ijk}^{\mathrm{L}}, T_{ijk}^{\mathrm{M}}, T_{ijk}^{\mathrm{R}}]$。

个性化产品配置优化的目标是使配置方案的交付时间最短,则个性化产品配置方案的交付时间优化模型可以表示为

$$\min \tilde{T}_R = \sum_{i=1}^{3} \sum_{j=1}^{M_i} \sum_{k=1}^{N_{ij}} \varepsilon_{ijk} \tilde{T}_{ijk} \qquad (6-12)$$

6.3.1.2　约束条件

个性产品配置优化模型的约束包括成本约束、交付时间约束及模块实例配置约束。

1) 模糊成本约束条件

个性化产品配置方案的总成本不应超过客户的期望成本,假设企业期望的模糊利润率为 $\tilde{\alpha} = [\alpha^{\mathrm{L}}, \alpha^{\mathrm{M}}, \alpha^{\mathrm{R}}]$,客户期望的模糊成本 $\tilde{C}_{\mathrm{E}} = [C_{\mathrm{E}}^{\mathrm{L}}, C_{\mathrm{E}}^{\mathrm{M}}, C_{\mathrm{E}}^{\mathrm{R}}]$,则有

$$(1 + \tilde{\alpha})\tilde{C}_R \leqslant \tilde{C}_{\mathrm{E}} \qquad (6-13)$$

2) 模糊交付时间约束条件

个性化产品配置方案的交付时间应短于客户所期望的交付周期,假设客户期望的模糊交付周期为 $\tilde{T}_{\mathrm{E}} = [T_{\mathrm{E}}^{\mathrm{L}}, T_{\mathrm{E}}^{\mathrm{M}}, T_{\mathrm{E}}^{\mathrm{R}}]$,则模糊交付时间约束可表示为

$$\tilde{T}_R \leqslant \tilde{T}_{\mathrm{E}} \qquad (6-14)$$

3) 模块实例的配置约束条件

在个性化产品配置过程中,必选模块必须存在于配置方案中,且其对应模块实例集合中有且只有一个模块实例参与配置,则存在:

$$\sum_{k=1}^{N_{ij}} \varepsilon_{ijk} = 1 \quad (i = 1、2、3; j = 1、2、\cdots、M_i; M_{ij} \text{ 为必选模块})$$

$$(6-15)$$

可选模块不一定存在于配置方案中,则每个可选模块实例集合中最多只有

一个模块实例参与配置，可表示为

$$\sum_{k=1}^{N_{ij}} \varepsilon_{ijk} \leqslant 1 \quad (i=1、2、3; j=1、2、\cdots、M_i; M_{ij} \text{ 为可选模块})$$

$$(6-16)$$

除此以外，模块实例之间可能存在相容或相斥关系。若模块实例 M_{ijk} 与 $M_{i'j'k'}$ 必须同时存在及同时不存在于配置方案中，则模块实例 M_{ijk} 与 $M_{i'j'k'}$ 之间存在相容关系，可表示为

$$\varepsilon_{ijk} = \varepsilon_{i'j'k'} \quad (6-17)$$

若模块实例 M_{ijk} 与 $M_{i'j'k'}$ 不能同时存在于配置方案中，则模块实例 M_{ijk} 与 $M_{i'j'k'}$ 之间存在相斥关系，可以表示为

$$\varepsilon_{ijk} \cdot \varepsilon_{i'j'k'} = 0 \quad (6-18)$$

6.3.2　个性化产品多目标模糊配置优化模型的转化

为便于后续计算，需要将客户满意度优化模型式(6-8)调整为

$$\min f_1(X) = -\frac{\sum_{i=1}^{n+m} w_i \times S_i}{\sum_{i=1}^{n+m} w_i} \quad (6-19)$$

其中，$X = (\varepsilon_{111}, \varepsilon_{112}, \cdots, \varepsilon_{ijk}, \cdots, \varepsilon_{2n_2m_{2n_2}})$，为优化模型的决策变量，表示个性化产品的配置方案。

由于个性化产品配置优化模型中的目标函数式(6-10)、式(6-12)和不等式约束(6-13)、式(6-14)中涉及大量的不确定变量，用传统解析方法难以对其进行求解。模糊期望值模型及模糊机会约束规划策略是解决不确定性因素问题的有效方法，相关理论可参见文献[95, 208]，在此不做详细介绍。本书通过模糊期望值模型及模糊机会约束规划策略将模糊多目标配置优化模型转化为机会约束多目标配置优化模型。

1) 模糊目标函数的转化

模糊成本最小化模型等价于模糊成本期望值的最小化模型，因此式(6-10)可以转化为下式：

$$\min f_2(X) = E(\widetilde{C}) = \sum_{i=1}^{2} \sum_{j=1}^{M_i} \sum_{k=1}^{N_{ij}} E(\widetilde{C}_{ijk}) \varepsilon_{ijk}$$

$$= \sum_{i=1}^{2} \sum_{j=1}^{M_i} \sum_{k=1}^{N_{ij}} \frac{C_{ijk}^{\mathrm{R}} + 4C_{ijk}^{\mathrm{M}} - C_{ijk}^{\mathrm{L}}}{4} \varepsilon_{ijk}$$

(6-20)

式中　$E(\cdot)$——$(\cdot)$中模糊数的期望值。

同理，模糊交付时间优化模型式(6-12)等价转化为如下目标函数：

$$\min f_3(X) = E(\widetilde{T}) = \sum_{i=1}^{2} \sum_{j=1}^{M_i} \sum_{k=1}^{N_{ij}} E(\widetilde{T}_{ijk}) \varepsilon_{ijk}$$

$$= \sum_{i=1}^{2} \sum_{j=1}^{M_i} \sum_{k=1}^{N_{ij}} \frac{T_{ijk}^{\mathrm{R}} + 4T_{ijk}^{\mathrm{M}} - T_{ijk}^{\mathrm{L}}}{4} \varepsilon_{ijk}$$

(6-21)

2) 模糊约束转化

对于模糊成本约束式(6-13)，采用模糊机会约束规划策略将其转化为机会约束，可表示为

$$g_1(X) = Cr[(1+\widetilde{\alpha})\widetilde{C} - \widetilde{C}_E \leqslant 0] - \beta_1 \geqslant 0 \qquad (6-22)$$

式中　$Cr(\cdot)$——$(\cdot)$中事件成立的可信度；

β_1——决策者提前制订的置信度水平，表示模糊成本约束满足的可信性不小于 β_1。

同理，模糊时间约束式(6-14)可转化为以下时间机会约束：

$$g_2(X) = Cr(\widetilde{T} - \widetilde{T}_E \leqslant 0) - \beta_2 \geqslant 0 \qquad (6-23)$$

表示模糊时间约束满足的可信性不小于 β_2。

基于以上分析，个性化产品模糊多目标配置优化模型可以转化为机会约束多目标配置优化模型。其中目标函数为

$$\begin{cases} \min f_1(X) = -\dfrac{\displaystyle\sum_{i=1}^{n+m} w_i \times S_i}{\displaystyle\sum_{i=1}^{n+m} w_i}, \\[2em] \min f_2(X) = \displaystyle\sum_{i=1}^{2} \sum_{j=1}^{M_i} \sum_{k=1}^{N_{ij}} \dfrac{T_{ijk}^{\mathrm{R}} + 4T_{ijk}^{\mathrm{M}} - T_{ijk}^{\mathrm{L}}}{4} \varepsilon_{ijk} \\[2em] \min f_3(X) = \displaystyle\sum_{i=1}^{2} \sum_{j=1}^{M_i} \sum_{k=1}^{N_{ij}} \dfrac{C_{ijk}^{\mathrm{R}} + 4C_{ijk}^{\mathrm{M}} - C_{ijk}^{\mathrm{L}}}{4} \varepsilon_{ijk} \end{cases} \qquad (6-24)$$

约束条件为

$$
\begin{cases}
g_1(X) = Cr[(1+\tilde{\alpha})\tilde{C} - \tilde{C}_E \leqslant 0] - \beta_1 \geqslant 0 \\
g_2(X) = Cr(\tilde{T} - \tilde{T}_E \leqslant 0) - \beta_2 \geqslant 0 \\
\sum_{k=1}^{N_{ij}} \varepsilon_{ijk} = 1, \qquad M_{ij} \text{ 为必选模块} \\
\sum_{k=1}^{N_{ij}} \varepsilon_{ijk} \leqslant 1, \qquad M_{ij} \text{ 为可选模块} \\
\varepsilon_{ijk} = \varepsilon_{i'j'k'}, \qquad M_{ijk} \text{ 与 } M_{i'j'k'} \text{ 相容} \\
\varepsilon_{ijk} \cdot \varepsilon_{i'j'k'} = 0, \qquad M_{ijk} \text{ 与 } M_{i'j'k'} \text{ 相斥} \\
X = \{\varepsilon_{ijk} \mid i = 1、2、3; j = 1、2、\cdots、n_i; k = 1、2、\cdots、m_{ij}\}
\end{cases}
\qquad (6-25)
$$

由上述优化模型可以看出,个性化产品配置优化过程中存在不确定信息,导致配置方案会出现约束违背风险,而本节通过引入置信度水平来控制约束违背的风险。若希望优化方案具有较高的可靠性,即约束违背风险较低,则需要提高优化模型中的置信度水平,这将使得优化方案降低成本及交付时间,从而导致客户满意度的降低;反之,若置信度水平较低,则优化方案可采用较高的成本及交付时间来最大限度满足客户的价值需求,但其约束违背风险较高。因而,决策者可以根据企业的实际情况来设定置信度水平,以协调配置方案优化目标与风险之间的关系。

6.4　个性化产品配置优化模型的求解算法及流程

6.4.1　算法流程

本书所构建的带有机会约束的个性化产品配置优化问题属于多目标优化问题。Deb 等[209]提出的 NSGA-Ⅱ算法采用非支配排序、拥挤距离及精英策略搜索 Pareto 最优解集,具有良好的寻优性能,是经典的多目标优化问题求解方法。因而,本书以传统 NSGA-Ⅱ为基本框架,结合个性化产品机会约束多目标配置优化问题的具体特征,对 NSGA-Ⅱ进行了相应改进,设计了基于模糊模拟的 NSGA-Ⅱ算法(FM-NSGA-Ⅱ),具体算法流程如图

6 - 5 所示。

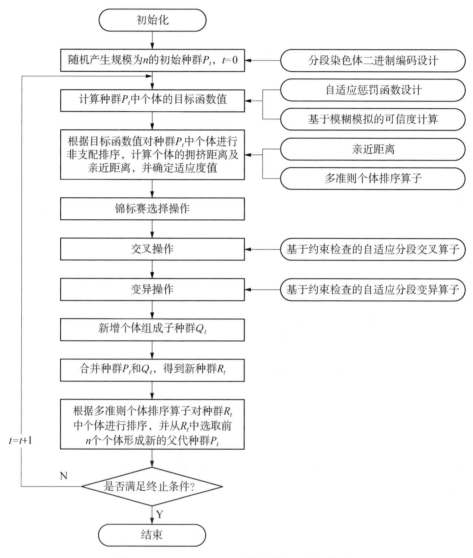

图 6 - 5　FM - NSGA - Ⅱ算法流程及改进技术

本书的改进技术包括：

（1）针对拟解决的问题，采用分段染色体二进制编码技术实现对个性化产品模块实例的选配。

（2）针对实际问题中机会约束，引入模糊模拟技术确定模糊事件的可信度,并构建自适应惩罚函数对约束条件进行处理。

(3) 为了能高效地比较染色体优劣,在染色体的排序问题中引入亲密度距离,基于多准则对个体进行排序以确定个体的适应度。

(4) 为提高算法搜索效率、防止种群早熟及不合理个体的产生,设计了基于约束检查的自适应分段交叉和变异算子。

6.4.2　分段染色体二进制编码设计

针对个性化产品配置方案的表达特征,本书基于分段染色体非负整数染色体编码技术[210-211],采用了分段染色体二进制编码技术,每条染色体对应一个个性化产品配置方案。根据模块是否参与配置方案,个性化产品模块主要划分为必选模块及可选模块两类,染色体的长度由模块实例的个数及其模块类型决定。每条染色体分为两部分,分别表示可选模块及必选模块的集合。第一部分染色体分为 n_1 段,表示 n_1 个必选模块,第 j 段染色体有 m_{1j} 个基因,表示第 j 个必选模块的 m_{1j} 个模块实例。第二部分染色体分为 n_2 段,表示 n_2 个可选模块,第 j 段染色体有 $m_{2j}+1$ 个基因,前 m_{2j} 个基因表示第 j 个可选模块的 m_{2j} 个模块实例,第 $m_{2j}+1$ 个基因为虚拟基因,对应于虚拟模块实例。因此,染色体的长度为 $\sum_{j=1}^{n_1} m_{1j} + \sum_{j=1}^{n_2} (m_{2j}+1)$。

如图 6-6 所示,在编码过程中,每段染色体有且仅有一个基因取值为 1,表示该基因对应的模块实例参与配置,其他位置基因取值为 0,表示对应模块实例不参与配置。需要注意的是,若虚拟基因取值为 1,则表示其所在基因片段对应的可选模块不参与配置。例如,必选模块 M_{12} 有 4 个模块实例,第 2 个模块实例参与配置,则其对应染色体片段为 [0 1 0 0];可选模块 M_{31} 有 3 个模

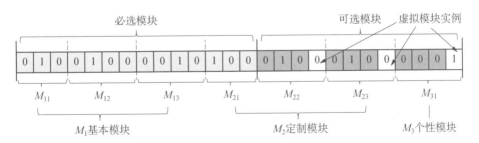

图 6-6　染色体编码示例

块实例,若无模块参与配置,则其对应染色体片段为[0 0 0 1]。此外,染色体编码需满足配置优化模型中的相容及相斥约束条件。根据上述描述,图6-6所示染色体对应的配置方案为:$\{M_{112}, M_{122}, M_{133}, M_{141}, M_{212}, M_{222}\}$。

6.4.3 机会约束处理

根据 Liu 和 Liu[212]对可信度的定义,机会约束式(6-23)可以转化为它的清晰等价形式,而机会约束式(6-22)中由于存在模糊数的乘积,难以计算模糊事件的可信度,导致其无法转化为清晰等价形式。为此,本书在 NSGA-Ⅱ算法[213]中融入模糊模拟技术[214]以计算模糊事件的可信度。

1)基于模糊模拟技术的可信度计算

设 $\tilde{\xi}$ 为机会约束不等式中的模糊向量,$\tilde{\xi} = (\tilde{\xi}_1, \tilde{\xi}_2, \cdots, \tilde{\xi}_s)$,其中 s 为模糊变量的个数,X 为决策向量。

机会约束不等式可以表示为 $g(X) = Cr\{q(X, \tilde{\xi}) \leqslant 0\} - \beta$,在优化模型求解过程中,需要计算机会约束中模糊事件 $q(X, \tilde{\xi}) \leqslant 0$ 发生的可信度 $Cr\{q(X, \tilde{\xi}) \leqslant 0\}$,模糊模拟是计算可信度的可行方法,其基本流程如下:

步骤1:从模糊变量 $\tilde{\xi}_i$ 的 t/M 水平截集 $(\tilde{\xi}_i)_{t/M}$ 中随机产生清晰数 ξ_i^t,其中 $t = 1、2、\cdots、M$,M 是一个充分大的整数。

步骤2:计算 $q^t(X, \xi^t)$,其中 $t = 1、2、\cdots、M$。

步骤3:计算模糊事件的可信度。

$$Cr\{q(X, \tilde{\xi}) \leqslant 0\} = \frac{1}{2}(\max_{1 \leqslant t \leqslant M}\{t/M \mid q^t(X, \xi^t) \leqslant 0\} + \qquad (6-26)$$

$$\min_{1 \leqslant t \leqslant M}\{1 - t/M \mid q^t(X, \xi^t) > 0\})$$

2)自适应惩罚函数设计

通过模糊模拟得到机会约束式(6-22)及式(6-23)的清晰等价形式之后,其约束条件难以像其他约束条件一样直接通过染色编码满足。为此,本书提出了一种自适应惩罚函数,通过在目标函数中引入惩罚项来处理违背机会约束的个体。其自适应原理是根据当前进化代数及种群中可行解所占的百分比对个体的目标函数值和约束条件违反程度做出合理的权衡。

本书所设计的自适应惩罚系数为

$$C(\rho, t) = \frac{1}{2}\left[(\rho-1)^2 + \left(\frac{t-1}{T-1}-1\right)^2\right] \qquad (6-27)$$

式中　t——当前种群的进化代数;

　　　ρ——当前种群中可行解所占的百分比。

　　惩罚系数的调整原则为:在进化早期或种群中可行解比较少时,惩罚系数取较大值以利于可行解的保存;在进化后期或种群中可行解比较多时,惩罚系数取较小值以利于目标函数值较优和约束条件违反程度较小的非可行解的进化,从而有利于对正好落在可行域与不可行域边界上的优秀解的搜索。

　　惩罚项为

$$g(X) = \sum_{x=1}^{n} |\min[0, g_x(X)]| \qquad (6-28)$$

　　通常情况下,目标函数 $f_i(X)$ 和惩罚项 $g(X)$ 的值不在一个刻度上,需要通过归一化将他们调整到同一刻度上以便于权衡。归一化过程如下所示:

$$ng(X) = \frac{g(X) - \min_X g(X)}{\max_X g(X) - \min_X g(X)} \qquad (6-29)$$

$$nf_i(X) = \frac{f_i(X) - \min_X f_i(X)}{\max_X f_i(X) - \min_X f_i(X)} \quad (i=1、2、\cdots、n) \quad (6-30)$$

式中　n——目标函数的个数。

　　引入自适应惩罚函系数及惩罚项之后,个体的目标函数值可通过下式进行计算:

$$fg_i(X) = nf_i(X) + C(\rho, t)ng(X) \quad (i=1、2、\cdots、n) \quad (6-31)$$

6.4.4　个体排序算子设计

　　NSGA-Ⅱ算法按照个体的非劣等级及拥挤距离对个体进行排序。如图 6-7 所示,按照个体的被支配程度对其进行非劣排序[215],其中非劣等级低的个体比较接近理想解,详细的非劣排序流程可参考 Deb 等[209]的研究。对于同一等级的个体,拥挤距离较大的个体有助于确保种群的多样性。传统拥挤距离[216]用个体 i 周围包围个体 i 但不包围其他个体的最小矩阵的长宽之和 $a+b$

表示,但是忽略了对各目标函数值的归一化,因而,本书提出如下所示的拥挤
距离:

$$d_i = \sum_{s=1}^{3} d_s^i = \frac{|fg_s^{i+1} - fg_s^{i-1}|}{fg_s^{max} - fg_s^{min}} \tag{6-32}$$

式中 d_i——个体 i 的拥挤距离;

d_s^i——个体 i 的两个相邻个体关于第 s 个目标函数 $fg_s(X)$ 的归一化差
值,fg_s^{i+1} 和 fg_s^{i-1} 分别表示个体 $i+1$ 与个体 $i-1$ 关于目标函数 $fg_s(X)$ 的取
值,fg_s^{max} 和 fg_s^{min} 分别表示当前种群中个体关于目标函数 $fg_s(X)$ 取值的最大
值和最小值。

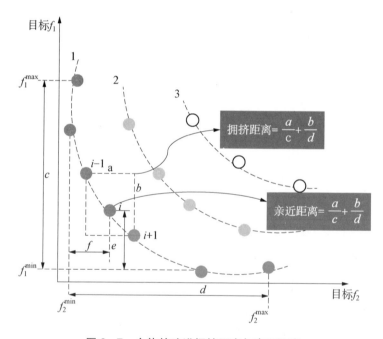

图 6-7　个体的改进拥挤距离与亲近距离

对于非劣等级及拥挤距离都相等的个体,本书设计了亲近距离来衡量个体
的优劣程度。亲近距离用来描述同一非劣等级内个体关于目标函数的取值与
种群内目标函数极值点之间的距离,其计算方法如下:

$$D_i = \sum_{s=1}^{3} D_s^i = \frac{|fg_s^i - fg_s^{min}|}{fg_s^{max} - fg_s^{min}} \tag{6-33}$$

由上式可以看出,个体的亲近距离越小,表明个体关于各目标函数的取值越接近其对应目标函数的极值点,个体越优秀。

基于以上所提出的个体优劣衡量准则,本书所设计的排序方法为:由式(6-31)计算种群中个体关于各目标函数的函数值,根据目标函数值对个体进行非劣排序,得到个体的非劣等级,非劣等级低的个体优于非劣等级高的个体;对于处于同一非劣等级的个体,根据式(6-32)计算个体拥挤距离,拥挤距离较大的个体优先参与进化;对于非劣等级及拥挤距离都相等的个体,由式(6-33)计算个体的亲近度,优先选择亲近度较小的个体。将个体的排序序号作为其适应度值。

6.4.5　基于约束检查的自适应分段交叉变异算子

为提高算法搜索效率、防止种群早熟[217]及保证交叉变异后生成染色体对应解决方案的合理性,本书设计了基于约束检查的自适应分段交叉和变异算子。

1) 基于约束检查的自适应分段交叉算子

采用式(7-4)作为染色体自适应交叉概率的计算公式,以模块集合所对应的基因片段为单位进行分段交叉操作,其详细步骤如图6-8所示。

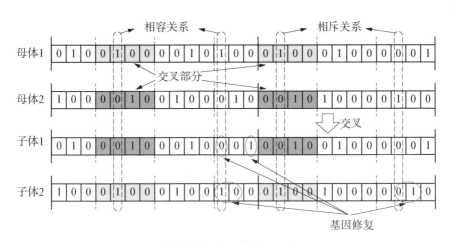

图 6-8　交叉操作示例

步骤 1:应用锦标赛选择机制[218]从种群中选择两个染色体,按照自适应交叉概率判定是否参与交叉。

步骤 2：对于参与交叉的染色体随机选择交叉模块，确定该模块所对应的基因片段，并交换被选中的基因片段。如图 6 - 8 所示，被选中的模块为 M_{12} 与 M_{21}，则参与交叉操作的基因片段为图中黄色及绿色表示的部分。

步骤 3：检查新产生的个体是否满足式（6 - 25）中的相容和相斥约束。若满足，则交叉操作结束。否则，需要对子染色体进行修复。

- 设子个体中第 m 个基因片段中的第 i 个基因 G_{mi} 与其第 n 个基因片段中的第 j 个基因 G_{nj} 存在相容关系（如图 6 - 9 中的第 5 个及第 12 个基因），且第 m 个基因片段为被交叉基因片段。若基因 G_{mi} 的取值为 1，则需将基因 G_{nj} 赋值为 1，第 n 个基因片段中的其他基因赋值为 0；若基因 G_{mi} 的取值为 0，则在第 n 个基因片段中除基因 G_{nj} 以外的基因中随机选取一个基因并赋值为 1，其余基因赋值为 0。

- 假设子个体的基因 G_{mi} 与基因 G_{nj} 存在相斥关系（如图 6 - 9 中的第 16 及第 24 个基因），且第 m 个基因片段为被交叉基因片段。若基因 G_{mi} 的取值为 1，则在第 n 个基因片段中除基因 G_{nj} 以外的基因中随机选取一个基因并赋值为 1，其余基因赋值为 0。

2）基于约束检查的自适应分段交叉算子

采用式（6 - 35）作为染色体自适应变异概率的计算公式，以模块集合所对应的基因片段为单位进行变异操作。为满足相关约束条件，需对变异产生的新个体进行基因修复，其详细步骤如图 6 - 9 所示。

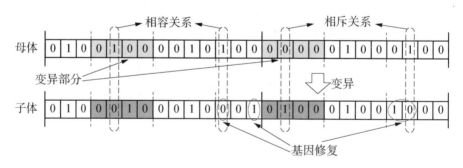

图 6 - 9　变异操作示例

步骤 1：根据自适应变异概率从种群中选择出参与变异操作的染色体。

步骤 2：随机选择需要变异的模块集合，确定其对应的基因片段，对被选中的基因片段执行交叉变异。找出变异基因片段中取值为 1 的基因，并将 0 赋值

于该基因,从原基因片段取值为 0 的基因中随机选取一个基因并将其取值
为 1。

步骤 3:检查新产生的个体是否满足式(6-25)中的相容和相斥约束。若
满足,则变异操作结束。否则,需要对子染色体进行修复,其修复方式可参考交
叉操作中的描述。

第7章 洗衣机个性化设计的示范案例

随着信息技术的发展及客户购买力的提升,客户的角色逐渐从购买者转变为产品设计者,对于洗衣机的购买依据已不仅局限于洗涤、节能等功能需求,而更多地追求产品所带来的个性化体验。此外,在互联网经济的推动下,忠诚的客户关系成为洗衣机产业发展的关键要素,个性化的洗护体验是洗衣机企业吸引客户并最终获得竞争优势的有效途径。因而,企业是否能够为客户提供真正满足其价值需求的个性化洗衣机决定了其市场竞争力。在这种经济形势下,洗衣机行业在逐步转变——以客户价值需求为导向推动行业向个性化生产发展升级。

M公司是中国非常大的家电产品制造商之一。近年来,洗衣机产品同质化现象越来越严重,而客户的个性化价值需求难以得到满足。在这样的背景下,M公司打破了传统封闭的洗衣机产品研发模式,转而与客户直接对接,让客户的价值需求直达工厂,由客户全流程参与产品研发,从而实现了洗衣机产品的个性化定制。本章以M公司某型号滚筒洗衣机设计为例,对本书提出的关键技术和方法展开示例验证。

7.1 个性化洗衣机的客户价值需求识别与分析

7.1.1 客户价值需求识别

首先,根据图3-1所示的客户价值需求的层次模型,结合洗衣机产品的特点,利用焦点小组访谈、头脑风暴等方法逐层建立了洗衣机产品的客户价值层次模型,该模型是客户价值需求分析的基础。为了便于展示及研究,本模型对洗衣机产品的客户价值要素做了一些合并及简化处理,并设定了其数据类型及值域,见表 7 - 1。

表 7 - 1　洗衣机产品的客户价值层次模型

序号	目标层	结果层	要素层	数据类型	值域
1			洗衣量		
2		效用价值	洗涤效果		
3			洗涤速度		
4			安全运行		
5			操作人性化		
6	洗衣机产品的价值目标	情感价值	健康洗涤	数值型	[0, 1]
7			外形美观		
8			体现身份		
9		社会价值	安静运行		
10			环保		
11		经济价值	使用经济性		
12			能耗		

其次,围绕客户的价值目标,根据客户的价值维度进行分解,确定客户对各价值维度下价值要素的需求。经过需求分析工程师的不断挖掘及与客户之间的反复沟通、协商,最终形成客户的价值需求向量。如某客户的购买洗衣机的价值目标为"实现三口之家的衣物健康清洗,体现家庭特征",通过对价值目标的逐层分解及客户参与协商,最终确定其价值需求向量为

$$C = \{CR_1, CR_2, CR_3, \cdots, CR_{12}\}$$
$$= \{0.7, 0.9, 0.9, 0.8, 0.85, 0.7, 0.85, 0.8, 0.75, 0.8, 0.5, 0.4\}$$

7.1.2　客户价值需求分析

1) 开展二元语义模糊 Kano 调研,确定客户价值需求分类矩阵

参照图 3 - 4,设计每一项客户价值需求的二元语义模糊 Kano 问卷以开展小样本调研。邀请 45 名掌握不同专业知识及经验的专家参与洗衣机客户

价值需求的二元语义模糊 Kano 调研,主要包括洗衣机市场营销人员、技术人员、设计人员及客户代表等。根据式(3-6)~式(3-13)与 Kano 评估表(表 3-6)将调研对象的二元语义回答转化为客户价值需求的类别隶属度向量,从而构成洗衣机客户价值需求的类别分布矩阵,见表 7-2。

表 7-2　洗衣机客户价值需求的类别分布矩阵

客户价值需求项	类别分布比例					
	B(%)	C(%)	P(%)	I(%)	R(%)	Q(%)
CR_1	53	27	17	3	0	0
CR_2	51	31	16	2	0	0
CR_3	32	52	14	2	0	0
CR_4	45	15	37	3	0	0
CR_5	15	23	51	11	0	0
CR_6	17	33	39	11	0	0
CR_7	24	25	42	9	0	0
CR_8	17	21	55	7	0	0
CR_9	16	45	33	6	0	0
CR_{10}	38	43	10	9	0	0
CR_{11}	27	58	10	5	0	0
CR_{12}	14	62	19	5	0	0

根据类别分布比例,可以得到洗衣机各项客户价值需求所示的类别,其中基本需求包括 CR_1、CR_2 与 CR_4,定制需求包括 CR_3、CR_9、CR_{10}、CR_{11}、CR_{12},个性需求包括 CR_5、CR_6、CR_7、CR_8。

2) 计算客户价值需求的主观重要度

在二元语义模糊 Kano 问卷的重要度自我评估问题中采用表 3-9 的语言标度集。根据式(3-15)~式(3-17)分别计算评估信息中语言标度出现的频率、客户价值需求的绝对主观重要度,并将绝对主观重要度进行归一化,计算结果列于表 7-3 中。客户价值需求的主观重要度向量为

$$NW^{sub} = (nw_1^{sub}, nw_2^{sub}, nw_3^{sub}, \cdots, nw_{12}^{sub})$$

$$= (0.117, 0.118, 0.097, 0.115 \quad 0.068, 0.066, 0.070, 0.060,$$

$$0.073, 0.064, 0.071, 0.081)$$

表 7-3　洗衣机客户价值需求的主观重要度评价信息

客户价值需求项	语义标度的分布频率					主观重要度	归一化的主观重要度
	L	ML	M	MH	H		
CR_1	0	0	0.05	0.09	0.86	3.81	0.117
CR_2	0	0.01	0.03	0.07	0.89	3.84	0.118
CR_3	0.01	0.06	0.19	0.24	0.5	3.16	0.097
CR_4	0	0.01	0.03	0.17	0.79	3.74	0.115
CR_5	0.01	0.2	0.42	0.31	0.06	2.21	0.068
CR_6	0.02	0.21	0.49	0.17	0.11	2.14	0.066
CR_7	0.01	0.16	0.44	0.31	0.08	2.29	0.070
CR_8	0.02	0.25	0.51	0.19	0.03	1.96	0.060
CR_9	0.04	0.17	0.34	0.29	0.16	2.36	0.073
CR_{10}	0.03	0.15	0.58	0.19	0.05	2.08	0.064
CR_{11}	0	0.25	0.37	0.21	0.17	2.3	0.071
CR_{12}	0	0.14	0.26	0.44	0.16	2.62	0.081

3) 计算客户价值需求的客观重要度

基于表 7-1 所示的客户价值需求类别分布矩阵,根据式(3-23)~式(3-25)计算客户价值需求的客观重要度,并得到其归一化的客观重要度:

$$NW^{ob} = (nw_1^{ob}, nw_2^{ob}, nw_3^{ob}, \cdots, nw_{12}^{ob})$$

$$= (0.092, 0.094, 0.097, 0.086, 0.074, 0.058, 0.058, 0.086,$$

$$0.077, 0.075, 0.102, 0.102)$$

4) 计算客户价值需求的满意重要度

邀请 9 名决策者根据企业的发展战略采用表 3-11 中的模糊语言标量确定 5 种需求类别(基本需求、定制需求、个性需求、无关需求、反向需求)的模糊两两比较矩阵。根据式(3-28)和式(3-29)构建模糊对数最小二乘模型,并对其求解,得到洗衣机需求类别的归一化三角模糊权重,然后应用式(3-31)对其进行去模糊化处理,最终得到洗衣机需求类别的重要度向量:

$$\boldsymbol{KW} = (KW_1, KW_2, KW_3, KW_4, KW_5) = (0.27, 0.33, 0.37, 0.03, 0)$$

根据式(3-32)计算客户价值需求的绝对满意重要度,并利用式(3-33)对其进行归一化处理,得到所有客户价值需求的归一化满意重要度向量:

$$\begin{aligned} \boldsymbol{NW}^{\text{S}} &= (nw_1^{\text{S}}, nw_2^{\text{S}}, nw_3^{\text{S}}, \cdots, nw_{12}^{\text{S}}) \\ &= (0.078, 0.082, 0.085, 0.084, 0.084, 0.083, 0.083, 0.088, \\ &\quad 0.086, 0.078, 0.083, 0.086) \end{aligned}$$

5) 计算客户价值需求最终重要度

最后,将步骤2~4中各项客户价值需求的归一化主观重要度、客观重要度、满意重要度按照根据式(3-33)进行集成,得到洗衣机客户价值需求的最终重要度向量:

$$\begin{aligned} \boldsymbol{W} &= (w_1, w_2, \cdots, w_{12}) \\ &= (0.12, 0.128, 0.113, 0.117, 0.060, 0.044, 0.048, 0.064, \\ &\quad 0.069, 0.053, 0.084, 0.01) \end{aligned}$$

根据以上分析可得到洗衣机客户价值需求的总体排序为:$CR_2 > CR_1 > CR_4 > CR_3 > CR_{12} > CR_{11} > CR_9 > CR_8 > CR_5 > CR_{10} > CR_7 > CR_6$。

其中,基本客户价值需求洗衣量CR_1、洗涤效果CR_2及安全运行CR_4体现了洗衣机的核心价值,是排在前三位的价值需求项,在洗衣机产品设计中需要采取相关技术措施优先满足这些价值需求。

7.2　个性化洗衣机客户价值需求预测与转化

7.2.1　客户价值需求预测

以7.1节中计算客户价值需求重要度的方法为基础,依据洗衣机的开发周期,以一周为一个子周期计算客户价值需求的重要度,得到4个子周期的客户价值需求重要度,见表 7 - 4。采用专家评价及统计方法计算客户价值需求的频率,同样得到 4 个子周期的客户价值需求频率,见表 7 - 5。

表 7 - 4 洗衣机客户价值需求的周期性重要度

客户价值需求 CR_i	周期 1	周期 2	周期 3	周期 4
CR_1	0.812	0.815	0.820	0.816
CR_2	0.878	0.884	0.892	0.885
CR_3	0.880	0.800	0.720	0.690
CR_4	0.790	0.780	0.770	0.760
CR_5	0.410	0.420	0.448	0.472
CR_6	0.299	0.345	0.386	0.431
CR_7	0.323	0.340	0.360	0.381
CR_8	0.413	0.435	0.459	0.487
CR_9	0.462	0.467	0.476	0.484
CR_{10}	0.355	0.410	0.459	0.512
CR_{11}	0.566	0.501	0.428	0.324
CR_{12}	0.671	0.614	0.542	0.427

表 7 - 5 洗衣机客户价值需求的周期性频率

客户价值需求 CR_i	周期 1	周期 2	周期 3	周期 4
CR_1	0.109	0.113	0.112	0.114
CR_2	0.075	0.075	0.076	0.076
CR_3	0.518	0.481	0.446	0.414
CR_4	0.143	0.146	0.143	0.142
CR_5	0.537	0.581	0.615	0.653
CR_6	0.643	0.596	0.562	0.530
CR_7	0.930	0.911	0.884	0.853
CR_8	0.707	0.767	0.845	0.897

（续表）

客户价值需求 CR_i	周期 1	周期 2	周期 3	周期 4
CR_9	0.604	0.587	0.566	0.547
CR_{10}	0.442	0.468	0.497	0.548
CR_{11}	0.809	0.671	0.559	0.438
CR_{12}	0.317	0.341	0.362	0.380

以客户价值需求的历史重要度及频率为输入，采用 Matlab R2014a 对 $IFOAGM(1，1)$ 模型编码以求得各项客户价值需求时间响应函数［式（4-1）］中的发展系数、灰作用量及初值修正系数，并基于此预测各项客户价值下一个时期的重要度及频率，预测结果见表 7-6 和表 7-7。

表 7-6　洗衣机客户价值需求重要度的预测结果

客户价值需求 CR_i	重要度时间响应函数参数			模拟值				预测值	平均相对误差
	a_w^i	b_w^i	c_w^i	周期 1	周期 2	周期 3	周期 4		
CR_1	0.001 96	0.820 28	1.949 95	0.818	0.816	0.815	0.813	0.812	0.003 92
CR_2	0.000 11	0.887 15	19.216 73	0.885	0.885	0.885	0.885	0.885	0.003 73
CR_3	0.040 26	0.769 13	0.937 23	0.756	0.726	0.697	0.670	0.643	0.007 64
CR_4	0.010 38	0.789 18	0.839 79	0.786	0.778	0.770	0.762	0.754	0.006 80
CR_5	$-0.063 17$	0.381 01	1.045 50	0.395	0.421	0.448	0.477	0.508	0.005 33
CR_6	$-0.117 55$	0.286 88	0.977 00	0.303	0.341	0.383	0.431	0.485	0.006 57
CR_7	$-0.056 96$	0.311 65	1.023 49	0.321	0.340	0.360	0.381	0.403	0.001 46
CR_8	$-0.051 12$	0.404 30	1.112 68	0.418	0.440	0.463	0.487	0.513	0.008 32
CR_9	$-0.010 96$	0.459 73	0.917 06	0.462	0.467	0.472	0.477	0.483	0.004 75
CR_{10}	$-0.111 17$	0.349 12	0.974 52	0.367	0.410	0.458	0.512	0.572	0.007 14
CR_{11}	0.215 58	0.697 27	1.169 27	0.619	0.499	0.402	0.324	0.261	0.031 94
CR_{12}	0.181 84	0.819 23	1.217 82	0.735	0.613	0.511	0.426	0.355	0.031 96

表 7-7　洗衣机客户价值需求频率的预测结果

客户价值需求 CR_i	频率时间响应函数参数			模拟值				预测值	平均相对误差
	a_f^i	b_f^i	c_f^i	周期 1	周期 2	周期 3	周期 4		
CR_1	−0.008 68	0.110 54	0.365 87	0.110	0.111	0.112	0.113	0.114	0.008 48
CR_2	−0.007 48	0.074 36	1.161 50	0.075	0.075	0.076	0.076	0.077	0.003 00
CR_3	0.074 82	0.537 56	0.997 06	0.518	0.481	0.446	0.414	0.384	0.000 25
CR_4	0.010 02	0.147 79	1.525 19	0.146	0.145	0.143	0.142	0.141	0.007 40
CR_5	−0.067 94	0.519 55	0.987 59	0.537	0.575	0.615	0.659	0.705	0.004 84
CR_6	0.067 79	0.663 76	0.968 82	0.643	0.601	0.562	0.525	0.490	0.004 30
CR_7	0.033 18	0.961 02	1.110 71	0.942	0.912	0.882	0.853	0.825	0.005 27
CR_8	−0.078 26	0.683 35	0.976 84	0.709	0.767	0.829	0.897	0.970	0.004 33
CR_9	0.032 88	0.614 96	1.024 97	0.604	0.585	0.566	0.548	0.530	0.001 13
CR_{10}	−0.074 92	0.415 69	1.058 87	0.434	0.468	0.504	0.544	0.586	0.008 10
CR_{11}	0.212 91	0.927 24	1.061 95	0.830	0.670	0.542	0.438	0.354	0.022 71
CR_{12}	−0.058 09	0.311 44	0.943 99	0.319	0.339	0.359	0.380	0.403	0.004 89

根据表 7-6 和表 7-7 中的数据分别绘制客户价值需求重要度及频率的变化趋势图,如图 7-1 与图 7-2 所示。洗涤量 CR_1、洗净效果 CR_2 及运行安全 CR_4 始终稳定在较高的重要度及较低的频率,说明客户认为产品满足这几项客户价值需求是理所当然的,对其关注度不高,但企业需对与之相关的技术特性始终保持高度重视,以保证产品基本功能的实现。操作人性化 CR_5、体现身份 CR_8 及环保 CR_{10} 的频率及重要度呈增长趋势,客户对这些客户价值需求的兴趣度逐渐增大,在保证生产能力的前提下企业需要投入更多的资源开发与之相关的技术特性以给客户带来意想不到的惊喜。健康洗涤 CR_6、外形美观 CR_7 的重要度处于增长趋势,而频率逐步降低,说明客户对于洗衣机产品的健康度及美观度的需求逐步被满足,而其对应技术还具有较大的提升空间,企业需投入更多资源以提高这两项需求的满足水平。安静运行 CR_9 的重要度变化平稳,由于各产品的静音效果差异不大,客户对其关注度不断降低,企业可对其相关技术进行开发以提供差异化洗衣机。随着洗衣机开发技术的逐步成熟,各

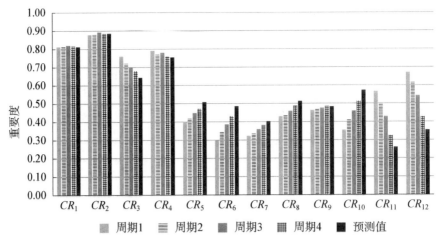

图 7-1 洗衣机客户价值需求重要度的变化趋势图

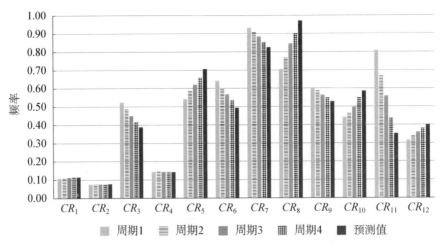

图 7-2 洗衣机客户价值需求频率的变化趋势图

企业关于洗涤速度 CR_3、使用经济性 CR_{11}、能耗 CR_{12} 的设计达到了较高的标准,其进一步改进需要较大的成本投资,这导致其重要度逐步下降,客户对洗涤速度 CR_3 的兴趣度逐步降低,环保倡导使其对能耗 CR_{12} 的关注度则逐步提高,对使用经济性 CR_{11} 的关注度的降低则是由于其购买力的提升。

对各项客户价值需求重要度及频率的预测值进行归一化,应用 IF 模型对未来客户价值需求进行分析,并计算其特征指数,以为后续未来客户价值需求目标值及类别优化做好准备。

7.2.2　未来客户价值需求向技术特性转化

结合洗衣机的客户价值需求,洗衣机 QFD 团队的设计人员确定了洗衣机开发的技术特性,主要包括洗涤容量 TC_1、洗净比 TC_2、磨损率 TC_3、含水量 TC_4、洗衣时间 TC_5、噪声 TC_6、物质消耗量 TC_7、健康技术 TC_8、外观定制度 TC_9、人机交互便利性 TC_{10}、节能技术 TC_{11}、智能控制 TC_{12}。其中,洗涤容量 TC_1、洗净比 TC_2、磨损率 TC_3、含水量 TC_4、洗衣时间 TC_5、噪声 TC_6 的性能有具体的量化指标,其余技术特性需要从较多方面进行评价,实际中通常采用主观评价来表达这几项技术特性的性能,因而本案例中以 0 和 1 之间的数值来量化这几项技术特性的性能表现水平。

设计人员分析洗衣机客户价值需求与技术特性之间的相关性、竞争对手的产品技术特性值、技术特性的上下限值及其成本系数,并将这些信息填入产品质量屋,见表 7 - 8。根据式(4 - 18)得到洗衣机客户价值需求与技术特性的归一化关系矩阵 **R**,见表 7 - 9。利用式(4 - 19)与式(4 - 20)将质量屋中产品技术特性值进行规范化处理,见表 7 - 10。

结合企业的实际情况,设计人员确定分类阈值的区间分别为: $r_0 \in [0.1, 0.35]$, $\alpha_L \in [0.175, 0.785]$, $\alpha_H \in [0.873, 1.571]$。 根据式(4 - 21)～式(4 - 31)构建 QFD - IF 集成模型所对应的非线性规划模型。应用 Matlab R2014a 对 MPAGA 算法进行编程以求解优化模型。MPAGA 算法的主要参数为:种群数目为 3,子种群中个体的数目为 150,进化代数为 300,横向进化代数间隔为 15,交叉概率的变化区间为 $[0.4, 0.8]$,变异概率的变化区间为 $[0.01, 0.1]$,锦标赛的竞赛规模变化区间为 $[5, 25]$,式(4 - 33)、式(4 - 34)及式(4 - 36)中适应度值、进化代数的调整权重均为 0.5,式(4 - 36)中 $b = 2$。

图 7 - 3 给出了优化目标在进化过程中的变化趋势,最佳客户价值出现在第 200 代到第 250 代的迭代区间内,其对应优化结果列于表 7 - 11 和表 7 - 12 中。

在表 7 - 11 中,基于产品技术特性的最优目标满足水平,利用式(4 - 19)与式(4 - 20)可确定各项产品技术特性的最优目标值,利用式(4 - 24)确定其对应的成本投入,总成本投入为 35.778%。设计人员将以这些设计信息为基础,结合具体的洗衣机设计标准及约束,开展后续的洗衣机设计活动。

表 7 - 8　洗衣机的质量屋

客户价值需求	产品技术特性											
	TC_1	TC_2	TC_3	TC_4	TC_5	TC_6	TC_7	TC_8	TC_9	TC_{10}	TC_{11}	TC_{12}
CR_1	9	0	0	0	5	0	0	0	0	0	0	3
CR_2	0	9	9	9	0	0	0	5	0	0	0	7
CR_3	7	0	0	0	0	0	0	0	0	3	0	5
CR_4	0	0	0	0	9	0	0	0	0	5	0	9
CR_5	0	0	0	0	0	0	0	0	0	9	0	9
CR_6	0	0	0	0	0	0	0	9	9	0	0	5
CR_7	0	0	0	0	0	5	0	0	9	7	0	0
CR_8	0	0	0	0	0	5	5	5	0	5	5	7
CR_9	0	0	0	0	0	9	0	0	5	0	0	5
CR_{10}	0	0	0	0	0	0	5	5	0	0	9	3
CR_{11}	5	5	5	5	0	0	7	5	0	0	7	5
CR_{12}	3	3	0	0	5	0	9	0	0	0	7	3
单位	kg	%	%	%	min	dB	—	—	—	—	—	—
Co_1	5.2	96	2.1	9	45	43	0.80	0.75	0.81	0.75	0.65	0.6
Co_2	7	97	1.8	11	35	36	0.50	0.6	0.68	0.8	0.4	0.5
Co_3	8	95	3	14	29	52.6	0.40	0.53	0.75	0.51	0.7	0.75
最小值	2	92	0.9	4	18	20	0	0	1	0	0	0
最大值	10	99	4.2	20	45	62	1	1	1	1	1	1
成本系数/%	7	9	11	8	6	7	8.5	9.5	5	4.5	6.5	7.3

表 7－9　洗衣机客户价值需求与技术特性的归一化关系矩阵

客户价值需求	产品技术特性											
	TC_1	TC_2	TC_3	TC_4	TC_5	TC_6	TC_7	TC_8	TC_9	TC_{10}	TC_{11}	TC_{12}
CR_1	0.529	0	0	0	0.294	0	0	0	0	0	0	0.176
CR_2	0	0.231	0.231	0.231	0	0	0	0.128	0	0	0	0.179
CR_3	0.292	0	0	0	0.375	0	0	0	0	0.125	0	0.208
CR_4	0	0	0	0	0	0	0	0	0	0.357	0	0.643
CR_5	0	0	0	0	0	0	0	0	0	0.500	0	0.500
CR_6	0	0	0	0	0	0	0	0.643	0	0	0	0.357
CR_7	0	0	0	0	0	0	0	0	0.563	0.438	0	0
CR_8	0	0	0	0	0	0.139	0	0.139	0.250	0.139	0.139	0.194
CR_9	0	0	0	0	0	0.643	0	0	0	0	0	0.357
CR_{10}	0	0	0	0	0	0	0.294	0	0	0	0.529	0.176
CR_{11}	0.102	0.102	0.102	0.102	0	0	0.143	0.102	0.102	0	0.143	0.102
CR_{12}	0.100	0.100	0	0	0.167	0	0.300	0	0	0	0.233	0.100

表 7－10　洗衣机技术特性值的规范化

竞争对手	产品技术特性满足水平											
	x_1	x_2	x_3	x_4	x_5	x_6	x_7	x_8	x_9	x_{10}	x_{11}	x_{12}
C_{O_1}	0.40	0.57	0.64	0.69	0	0.45	0.20	0.75	0.81	0.75	0.65	0.60
C_{O_2}	0.63	0.71	0.73	0.56	0.37	0.62	0.50	0.60	0.68	0.80	0.40	0.50
C_{O_3}	0.75	0.43	0.36	0.38	0.59	0.22	0.60	0.53	0.75	0.51	0.70	0.75

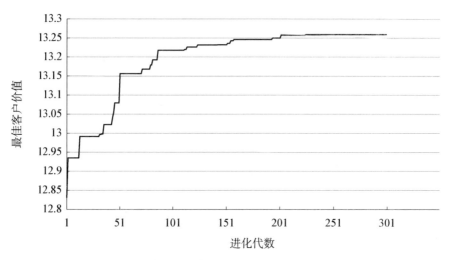

图7-3 洗衣机客户价值随进化代数的变化趋势

表7-11 洗衣机技术特性满足水平及成本投入的优化结果

产品技术特性 TC_j	技术特性的目标满足水平 x_j	技术特性的目标值 X_j	成本投入/% C_j
TC_1	0.60	4.20	4.20
TC_2	0.59	5.31	5.31
TC_3	0.58	6.37	6.37
TC_4	0.57	4.59	4.59
TC_5	0.35	2.10	2.10
TC_6	0.91	6.36	6.36
TC_7	0.45	3.82	3.82
TC_8	0.63	5.98	5.98
TC_9	0.97	4.85	4.85
TC_{10}	0.99	4.47	4.47
TC_{11}	0.99	6.45	6.45
TC_{12}	0.62	4.56	4.56
总体成本 C/%			35.778

表 7‑12　洗衣机客户价值需求满足水平及满意度的优化结果

客户价值需求 CR_i	分类指数　$r_0 = 0.21$　$\alpha_L = 0.240$　$\alpha_H = 0.899$		
	客户价值需求目标满足水平 y_i	需求类别	满意度 $S_i/\%$
CR_1	0.53	B	38.98
CR_2	0.59	B	41.79
CR_3	0.56	C	56.04
CR_4	0.76	B	47.04
CR_5	0.81	P	82.76
CR_6	0.63	C	62.81
CR_7	0.98	P	98.11
CR_8	0.85	P	86.43
CR_9	0.81	C	80.71
CR_{10}	0.77	C	76.76
CR_{11}	0.67	C	67.19
CR_{12}	0.61	C	60.60
总体满意度 $S/\%$			472.98

在表 7‑12 中，客户价值需求的最优目标满足水平由式(4‑23)计算得到，根据分类指数的最优解及 7.2.1 小节中的客户价值需求特征指数，确定未来客户价值需求的类别，并利用式(4‑22)计算其对应的客户满意度，总体客户满意度为 472.98%。客户及企业可以表 7‑12 中的信息为参考确定客户价值需求，以提高客户价值需求的有效性及洗衣机设计活动的前瞻性。

以表 7‑11 和表 7‑12 中所列信息为目标设计洗衣机，根据式(4‑26)可计算出所设计洗衣机的客户价值为 13.22%，这是在满足技术特性及分类指数约束情况下，客户满意度及企业成本投入所能达到的最佳权衡。该优化结果为设计人员提供了洗衣机的设计方向。

7.3　个性化洗衣机的模块构建

7.3.1　零部件间相关性分析

根据洗衣机的技术特性，结合 M 公司现有洗衣机产品结构，由设计人员确定构成洗衣机的主要零部件,见表7-13。

表7-13 洗衣机的零部件

编号	名称	编号	名称	编号	名称
1	顶板	13	轴承	25	光电传感器
2	箱体	14	吊弹簧	26	故障感知传感器
3	前面板	15	减振器	27	程序控制器
4	皮带轮	16	进水电磁阀	28	除菌装置
5	皮带	17	进水管	29	后背盖板
6	电机	18	过滤器	30	底饰板
7	内筒	19	排水管	31	门组件
8	外筒	20	排水泵	32	玻璃视孔
9	叉形架	21	水位传感器	33	洗涤剂抽屉面板
10	芯轴	22	衣质传感器	34	洗涤剂抽屉
11	加热器	23	温度传感器	35	操作按钮
12	配重块	24	负载传感器	36	操作屏

分别确定零部件与技术特性的关系矩阵、零部件的结构自相关矩阵、客户参与自相关矩阵及可适应设计自相关矩阵,根据式(5-15)～式(5-17)计算得到零部件的综合自相关矩阵,见表7-14。

7.3.2 模块划分

根据式(5-19)计算洗衣机零部件间的区间直觉模糊综合自相关矩阵所对应的区间直觉模糊等价矩阵。将区间直觉模糊等价矩阵中元素从小到大排序,并依次作为区间直觉模糊截距值$\tilde{\lambda}$,根据式(5-21)来构建对应的截距矩阵,基于此进行零部件聚类,得到不同截距值$\tilde{\lambda}$对应的模块划分方案。企业期望洗衣机的模块粒度范围为8～11,根据企业的期望选取粒度为8、9、10、11的模块划分方案进行分析,方案的具体划分结果见表7-15。

表 7 - 14　洗衣机零部件间的区间直觉模糊综合自相关矩阵

—	C_1	C_2	C_3	C_4	C_5	C_6	...	C_{33}	C_{34}	C_{35}	C_{36}
C_1	([1, 1], [0, 0])	([0.79, 0.83], [0.15, 0.17])	([0.79, 0.83], [0.15, 0.17])	([0, 0], [1, 1])	([0, 0], [1, 1])	([0, 0], [1, 1])	...	([0, 0], [1, 1])	([0, 0], [1, 1])	([0, 0], [1, 1])	([0, 0], [1, 1])
C_2		([1, 1], [0, 0])	([0.79, 0.83], [0.15, 0.17])	([0.28, 0.32], [0.62, 0.68])	([0, 0], [1, 1])	([0.28, 0.32], [0.62, 0.68])	...	([0, 0], [1, 1])	([0, 0], [1, 1])	([0, 0], [1, 1])	([0, 0], [1, 1])
C_3			([1, 1], [0, 0])	([0, 0], [1, 1])	([0, 0], [1, 1])	([0, 0], [1, 1])	...	([0, 0], [1, 1])	([0, 0], [1, 1])	([0, 0], [1, 1])	([0, 0], [1, 1])
C_4				([1, 1], [0, 0])	([0.79, 0.83], [0.15, 0.17])	([0.79, 0.83], [0.15, 0.17])	...	([0.34, 0.38], [0.58, 0.52])	([0.28, 0.32], [0.62, 0.68])	([0.34, 0.33], [0.58, 0.52])	([0.34, 0.38], [0.58, 0.52])
C_5					([1, 1], [0, 0])	([0.79, 0.83], [0.15, 0.17])					

（续表）

	C_1	C_2	C_3	C_4	C_5	C_6	...	C_{33}	C_{34}	C_{35}	C_{36}
C_6						([1, 1], [0, 0])	...	([0, 0], [1, 1])	([0, 0], [1, 1])	([0, 0], [1, 1])	([0, 0], [1, 1])
⋮							⋮	⋮	⋮	⋮	⋮
C_{33}								([1, 1], [0, 0])	([0.79, 0.83], [0.15, 0.17])	([0.34, 0.38], [0.58, 0.52])	([0.34, 0.38], [0.58, 0.52])
C_{34}									([1, 1], [0, 0])	([0, 0], [1, 1])	([0, 0], [1, 1])
C_{35}										([1, 1], [0, 0])	([0.79, 0.83], [0.15, 0.17])
C_{36}											([1, 1], [0, 0])

表 7-15　不同区间直觉模糊截距 $\tilde{\lambda}$ 下洗衣机的模块划分方案

模块划分方案	方案 1 $\tilde{\lambda} =$ $([0.31, 0.36],$ $[0.56, 0.64])$	方案 2 $\tilde{\lambda} =$ $([0.46, 0.52],$ $[0.42, 0.48])$	方案 3 $\tilde{\lambda} =$ $([0.51, 0.54],$ $[0.40, 0.46])$	方案 4 $\tilde{\lambda} =$ $([0.57, 0.60],$ $[0.34, 0.40])$
模块 1	C_1，C_2，C_3，C_{29}，C_{30}，C_{31}，C_{32}，C_{33}，C_{34}	C_1，C_2，C_3，C_{29}，C_{30}，C_{31}，C_{32}，	C_1，C_2，C_3，C_{29}，C_{30}	C_1，C_2，C_3，C_{29}，C_{30}
模块 2	C_4，C_5，C_6，C_{13}	C_{33}，C_{34}	C_{31}，C_{32}	C_{31}，C_{32}
模块 3	C_7，C_8，C_9，C_{10}，C_{11}，C_{12}	C_4，C_5，C_6，C_{13}	C_{33}，C_{34}	C_{33}，C_{34}
模块 4	C_{14}，C_{15}	C_7，C_8，C_9，C_{10}，C_{11}，C_{12}	C_4，C_5，C_6，C_{13}	C_4，C_5，C_6，C_{13}
模块 5	C_{16}，C_{17}，C_{18}，C_{19}，C_{20}	C_{14}，C_{15}	C_7，C_8，C_9，C_{10}，C_{11}，C_{12}	C_7，C_8，C_9，C_{10}，C_{12}
模块 6	C_{21}，C_{22}，C_{23}，C_{24}，C_{25}，C_{26}，C_{27}	C_{16}，C_{17}，C_{18}，C_{19}，C_{20}	C_{14}，C_{15}	C_{11}
模块 7	C_{28}	C_{21}，C_{22}，C_{23}，C_{24}，C_{25}，C_{26}，C_{27}	C_{16}，C_{17}，C_{18}，C_{19}，C_{20}	C_{14}，C_{15}
模块 8	C_{35}，C_{36}	C_{28}	C_{21}，C_{22}，C_{23}，C_{24}，C_{25}，C_{26}，C_{27}	C_{16}，C_{17}，C_{18}，C_{19}，C_{20}
模块 9		C_{35}，C_{36}	C_{28}	C_{21}，C_{22}，C_{23}，C_{24}，C_{25}，C_{26}，C_{27}
模块 10			C_{35}，C_{36}	C_{28}
模块 11				C_{35}，C_{36}

零部件分布

7.3.3　模块化方案评选

为了对表7-15中洗衣机的模块划分方案进行比较以选出最佳模块划分方案,基于表7-14所示洗衣机零部件间的区间直觉模糊综合自相关矩阵,根据式(5-22)～式(5-25)分别计算各模块划分方案的聚合度、聚合平稳度、耦合度、耦合平稳度,见表7-16。将其中的精确数转化为区间直觉模糊,并确定洗衣机模块划分方案的区间直觉模糊正理想解 A^+ 及区间直觉模糊负理想解 A^-,见表7-17。

表7-16　洗衣机模块方案的评选矩阵

模块划分方案	聚合度	聚合平稳度	耦合度	耦合平稳度
A_1	([0.64, 0.67], [0.31, 0.33])	0.20	([0.22, 0.27], [0.67, 0.73])	0.30
A_2	([0.69, 0.72], [0.26, 0.28])	0.26	([0.26, 0.30], [0.68, 0.70])	0.18
A_3	([0.76, 0.80], [0.15, 0.20])	0.33	([0.33, 0.36], [0.61, 0.64])	0.22
A_4	([0.77, 0.79], [0.18, 0.21])	0.38	([0.38, 0.43], [0.54, 0.57])	0.34

表7-17　洗衣机模块方案的区间直觉模糊评选矩阵

模块划分方案	聚合度	聚合平稳度	耦合度	耦合平稳度
A_1	([0.64, 0.67], [0.31, 0.33])	([0.26, 0.26], [0.74, 0.74])	([0.22, 0.27], [0.67, 0.73])	([0.22, 0.22], [0.78, 0.78])
A_2	([0.69, 0.72], [0.26, 0.28])	([0.20, 0.20], [0.80, 0.80])	([0.26, 0.30], [0.68, 0.70])	([0.13, 0.13], [0.87, 0.87])
A_3	([0.76, 0.80], [0.15, 0.20])	([0.15, 0.15], [0.86, 0.86])	([0.33, 0.36], [0.61, 0.64])	([0.16, 0.16], [0.84, 0.84])
A_4	([0.77, 0.79], [0.18, 0.21])	([0.16, 0.16], [0.84, 0.84])	([0.38, 0.43], [0.54, 0.57])	([0.25, 0.25], [0.75, 0.75])
A^+	([0.77, 0.80], [0.15, 0.20])	([0.14, 0.14], [0.86, 0.86])	([0.22, 0.27], [0.68, 0.73])	([0.13, 0.13], [0.87, 0.87])
A^-	([0.64, 0.67], [0.31, 0.33])	([0.26, 0.26], [0.74, 0.74])	([0.38, 0.43], [0.54, 0.57])	([0.25, 0.25], [0.75, 0.75])

结合表 7-17 的数据,根据式(5-28)与式(5-32)分别计算各评选指标的偏差度及客观权重,设计专家根据主观经验给出各指标的主观权重,根据式(5-35)计算各评选指标的集成权重。模块划分方案评选指标的权重计算结果列于表 7-18 中。

表 7-18　洗衣机模块方案评选指标的权重

评选指标	聚合度	聚合平稳度	耦合度	耦合平稳度
偏差度	0.064 1	0.056 7	0.062 9	0.056 2
客观权重	0.267 3	0.236 3	0.262 0	0.234 4
主观权重	0.27	0.26	0.24	0.23
集成权重	0.288 3	0.245 4	0.251 1	0.215 3

根据式(5-37)及式(5-38)确定各模块划分方案到区间直觉模糊正理想解及区间直觉模糊负理想解的距离,并按照式(5-39)计算贴近度系数,见表 7-19。

表 7-19　洗衣机模块方案的评选结果

模块划分方案	到正理想解的距离	到负理想解的距离	贴近度系数	排序
A_1	0.015 9	0.006 7	0.296 7	4
A_2	0.005 1	0.011 5	0.691 9	2
A_3	0.002 7	0.016 4	0.857 5	1
A_4	0.011 8	0.009 6	0.448 5	3

由表 7-19 中的数据可以看出,A_3 是洗衣机的最佳模块划分方案,该方案将洗衣机划分为 10 个模块,各模块包含的零部件见表 7-20。

表 7-20　洗衣机最佳模块划分方案

编号	模块名称	模块包含的零部件
1	洗衣机箱体模块	C_1, C_2, C_3, C_{29}, C_{30}
2	洗衣门体模块	C_{31}, C_{32}
3	洗涤剂抽屉模块	C_{33}, C_{34}

编号	模块名称	模块包含的零部件
4	洗衣机传动模块	C_4，C_5，C_6，C_{13}
5	洗涤模块	C_7，C_8，C_9，C_{10}，C_{11}，C_{12}
6	洗衣机减振模块	C_{14}，C_{15}
7	洗衣机给排水模块	C_{16}，C_{17}，C_{18}，C_{19}，C_{20}
8	洗衣机控制模块	C_{21}，C_{22}，C_{23}，C_{24}，C_{25}，C_{26}，C_{27}
9	洗衣机除菌模块	C_{28}
10	洗衣机操作模块	C_{35}，C_{36}

7.3.4 模块分类

结合 5.4.1 小节中模块的个性化度评价指标，对最佳模块划分方案中各模块的变异度、变更影响度、客户参与度、供应柔性、成本、复杂度进行评价与计算，见表 7-21。将表 7-21 中的评价信息统一转化为区间直觉模糊数，并进行规范化处理，得到规范化的模块个性化评价矩阵，见表 7-22。

表 7-21 洗衣机模块的个性化度评价矩阵

模块	变异度	变更影响度	客户参与度	复杂度	供应柔性	成本
M_1	([0.54, 0.55], [0.40, 0.42])	0.65	([0.31, 0.35], [0.61, 0.65])	([0.26, 0.29], [0.69, 0.71])	([0.80, 0.83], [0.14, 0.17])	([0.51, 0.54], [0.42, 0.46])
M_2	([0.31, 0.36], [0.62, 0.64])	0.57	([0.23, 0.26], [0.70, 0.74])	([0.34, 0.37], [0.60, 0.63])	([0.66, 0.69], [0.28, 0.31])	([0.43, 0.47], [0.50, 0.53])
M_3	([0.47, 0.50], [0.43, 0.50])	0.54	([0.26, 0.29], [0.63, 0.71])	([0.15, 0.18], [0.79, 0.82])	([0.74, 0.77], [0.20, 0.23])	([0.11, 0.14], [0.82, 0.86])

(续表)

模块	变异度	变更影响度	客户参与度	复杂度	供应柔性	成本
M_4	([0.04, 0.07], [0.92, 0.93])	0.29	([0.00, 0.01], [0.99, 0.99])	([0.60, 0.63], [0.35, 0.37])	([0.14, 0.16], [0.81, 0.84])	([0.76, 0.80], [0.16, 0.20])
M_5	([0.17, 0.19], [0.79, 0.81])	0.43	([0.11, 0.15], [0.82, 0.85])	([0.57, 0.60], [0.37, 0.40])	([0.33, 0.37], [0.61, 0.63])	([0.73, 0.77], [0.19, 0.23])
M_6	([0.11, 0.13], [0.85, 0.87])	0.36	([0.00, 0.01], [0.99, 0.99])	([0.55, 0.57], [0.40, 0.43])	([0.21, 0.24], [0.74, 0.76])	([0.55, 0.59], [0.38, 0.41])
M_7	([0.06, 0.08], [0.91, 0.92])	0.34	([0.05, 0.07], [0.90, 0.93])	([0.54, 0.58], [0.39, 0.42])	([0.42, 0.44], [0.54, 0.56])	([0.39, 0.42], [0.54, 0.58])
M_8	([0.44, 0.47], [0.51, 0.53])	0.46	([0.14, 0.17], [0.80, 0.83])	([0.62, 0.65], [0.32, 0.35])	([0.38, 0.41], [0.56, 0.59])	([0.69, 0.72], [0.25, 0.28])
M_9	([0.23, 0.25], [0.72, 0.75])	0.41	([0.09, 0.12], [0.85, 0.88])	([0.61, 0.64], [0.31, 0.36])	([0.38, 0.41], [0.56, 0.59])	([0.26, 0.28], [0.69, 0.72])
M_{10}	([0.51, 0.55], [0.42, 0.45])	0.61	([0.26, 0.29], [0.68, 0.71])	([0.31, 0.33], [0.63, 0.67])	([0.81, 0.85], [0.11, 0.15])	([0.46, 0.49], [0.48, 0.51])

表 7‑22　洗衣机模块的规范化个性化评价矩阵及个性化评价指标的权重

模块	变异度 $w_1 = 0.241$	变更影响度 $w_2 = 0.2$	客户参与度 $w_3 = 0.185$	复杂度 $w_4 = 0.131$	供应柔性 $w_5 = 0.121$	成本 $w_6 = 0.121$
M_1	([0.54, 0.55], [0.40, 0.42])	([0.65, 0.65], [0.35, 0.35])	([0.31, 0.35], [0.61, 0.65])	([0.69, 0.71], [0.26, 0.29])	([0.80, 0.83], [0.14, 0.17])	([0.42, 0.46], [0.51, 0.54])

（续表）

模块	变异度 $w_1 = 0.241$	变更影响度 $w_2 = 0.2$	客户参与度 $w_3 = 0.185$	复杂度 $w_4 = 0.131$	供应柔性 $w_5 = 0.121$	成本 $w_6 = 0.121$
M_2	([0.31, 0.36], [0.62, 0.64])	([0.57, 0.57], [0.43, 0.43])	([0.23, 0.26], [0.70, 0.74])	([0.60, 0.63], [0.34, 0.37])	([0.66, 0.69], [0.28, 0.31])	([0.50, 0.53], [0.43, 0.47])
M_3	([0.47, 0.50], [0.43, 0.50])	([0.54, 0.54], [0.46, 0.46])	([0.26, 0.29], [0.63, 0.71])	([0.79, 0.82], [0.15, 0.18])	([0.74, 0.77], [0.20, 0.23])	([0.82, 0.86], [0.11, 0.14])
M_4	([0.04, 0.07], [0.92, 0.93])	([0.29, 0.29], [0.71, 0.71])	([0.00, 0.01], [0.99, 0.99])	([0.35, 0.37], [0.60, 0.63])	([0.14, 0.16], [0.81, 0.84])	([0.16, 0.20], [0.76, 0.80])
M_5	([0.17, 0.19], [0.79, 0.81])	([0.57, 0.57], [0.43, 0.43])	([0.11, 0.15], [0.82, 0.85])	([0.37, 0.40], [0.57, 0.60])	([0.33, 0.37], [0.61, 0.63])	([0.19, 0.23], [0.73, 0.77])
M_6	([0.11, 0.13], [0.85, 0.87])	([0.36, 0.36], [0.64, 0.64])	([0.00, 0.01], [0.99, 0.99])	([0.40, 0.43], [0.55, 0.57])	([0.21, 0.24], [0.74, 0.76])	([0.38, 0.41], [0.55, 0.59])
M_7	([0.06, 0.08], [0.91, 0.92])	([0.34, 0.34], [0.66, 0.66])	([0.05, 0.07], [0.90, 0.93])	([0.39, 0.42], [0.54, 0.58])	([0.42, 0.44], [0.54, 0.56])	([0.54, 0.58], [0.39, 0.42])
M_8	([0.44, 0.47], [0.51, 0.53])	([0.46, 0.46], [0.54, 0.54])	([0.14, 0.17], [0.80, 0.83])	([0.32, 0.35], [0.62, 0.65])	([0.38, 0.41], [0.56, 0.59])	([0.25, 0.28], [0.69, 0.72])
M_9	([0.23, 0.25], [0.72, 0.75])	([0.41, 0.41], [0.59, 0.59])	([0.09, 0.12], [0.85, 0.88])	([0.31, 0.36], [0.61, 0.64])	([0.38, 0.41], [0.56, 0.59])	([0.69, 0.72], [0.26, 0.28])
M_{10}	([0.51, 0.55], [0.42, 0.45])	([0.61, 0.61], [0.39, 0.39])	([0.26, 0.29], [0.68, 0.71])	([0.63, 0.67], [0.31, 0.33])	([0.81, 0.85], [0.11, 0.15])	([0.48, 0.51], [0.46, 0.49])

　　由设计专家应用层次分析法确定个性化度评价指标的权重(表 7 - 22),根据式(5 - 52)及式(5 - 53)构建综合个性化度指数的优化模型,求解该模型得到各模块的综合个性化度指数,并根据式(5 - 1)计算其对应的得分值,根据得分对模块进行排序(表 7 - 23)。

表 7 - 23　洗衣机模块的类别划分结果

模块	综合个性化度	得分值	排序	模块类别
M_1	([0.38, 0.61], [0.30, 0.36])	0.33	3	个性模块
M_2	([0.45, 0.48], [0.50, 0.52])	0.19	4	个性模块
M_3	([0.37, 0.60], [0.23, 0.37])	0.34	2	个性模块
M_4	([0.15, 0.15], [0.82, 0.85])	-0.56	10	基本模块
M_5	([0.14, 0.21], [0.47, 0.75])	-0.32	7	定制模块
M_6	([0.09, 0.12], [0.63, 0.73])	-0.50	9	基本模块
M_7	([0.13, 0.13], [0.47, 0.75])	-0.40	8	基本模块
M_8	([0.19, 0.35], [0.45, 0.65])	-0.12	5	定制模块
M_9	([0.01, 0.28], [0.33, 0.62])	-0.24	6	定制模块
M_{10}	([0.53, 0.56], [0.42, 0.44])	0.35	1	个性模块

　　企业确定所设计洗衣机基本模块、定制模块、个性模块的分布比例为 3∶3∶4,根据模块的个性化度排序可知,M_4、M_6、M_7 为基本模块,M_5、M_8、M_9 为定制模块,M_1、M_2、M_3、M_{10} 为个性模块。

7.4　个性化洗衣机的配置优化

7.4.1　配置网络构建

　　结合企业的洗衣机开发策略及设计师的经验,对 7.3.4 小节中洗衣机的各模块进行分析,各模块有若干个模块实例,列于表 7 - 24。在配置网络构建过程中,用 1 与 0 表示模块实例是否参与配置。

表 7-24　洗衣机的模块与模块实例

编号	模块名称	模块实例	模块类别	模块选择属性	配置属性值
1		M_{11}	□	必选	
2		M_{12}	□	必选	
3	洗衣机箱体模块 M_1	M_{13}	□	必选	
4		M_{14}	□	必选	
5		M_{15}	□	必选	
6		M_{16}	□	必选	
7		M_{21}	□	必选	
8		M_{22}	□	必选	
9	洗衣门体模块 M_2	M_{23}	□	必选	
10		M_{24}	□	必选	
11		M_{25}	□	必选	
12		M_{26}	□	必选	
13		M_{31}	□	必选	
14	洗涤剂抽屉模块 M_3	M_{32}	□	必选	\{0, 1\}
15		M_{33}	□	必选	
16		M_{41}	▼	必选	
17	洗衣机传动模块 M_4	M_{42}	▼	必选	
18		M_{43}	▼	必选	
19		M_{44}	▼	必选	
20		M_{51}	◆	必选	
21		M_{52}	◆	必选	
22	洗衣机洗涤模块 M_5	M_{53}	◆	必选	
23		M_{54}	◆	必选	
24		M_{55}	◆	必选	
25		M_{61}	▼	必选	
26	洗衣机减振模块 M_6	M_{62}	▼	必选	
27		M_{63}	▼	必选	

(续表)

编号	模块名称	模块实例	模块类别	模块选择属性	配置属性值
28		M_{71}	▼	必选	
29	洗衣机给排水模块 M_7	M_{72}	▼	必选	
30		M_{73}	▼	必选	
31		M_{81}	◆	必选	
32		M_{82}	◆	必选	
33	洗衣机控制模块 M_8	M_{83}	◆	必选	
34		M_{84}	◆	必选	
35		M_{85}	◆	必选	
36		M_{91}	◆	可选	
37		M_{92}	◆	可选	
38		M_{93}	◆	可选	$\{0, 1\}$
39	洗衣机除菌模块 M_9	M_{94}	◆	可选	
40		M_{95}	◆	可选	
41		M_{96}	◆	可选	
42		M_{101}	□	必选	
43		M_{102}	□	必选	
44	洗衣机操作模块 M_{10}	M_{103}	□	必选	
45		M_{104}	□	必选	

注:▼表示基本模块,◆表示定制模块,□表示个性模块。

洗衣机配置网络的输入为配置方案所对应的模块实例,输出为客户信息。客户信息包括 7.2.1 小节中提出的客户价值需求及情境特征,本案例中选取客户特征中的年龄阶段、环境特征中的家装风格构成情境特征。其中,年龄阶段分为四个选项:20~35 岁、36~50 岁、50~65 岁、65 岁以上;家装风格的选项分为:简约、豪华。在配置网络中用 0 与 1 表示配置方案是否对应各情境特征的选项值。

从企业的产品数据管理相关系统中搜集洗衣机的历史交易记录,将其对应的模块实例和客户信息值构成配置信息表,见表 7-25。每条历史记录中由 45 个模块实例的配置信息及其对应的 14 项客户信息的属性值组成,总共得到 54 组样本数据,选取前 46 组样本作为训练样本,其余作为测试样本。

表 7 - 25　洗衣机的历史交易记录

| 编号 | 输入（模块实例） | | | | | | | | | | | | | | | 输出（客户信息） | | | | |
| | M1 | | | | | | M2 | | | M26 | ... | M10 | | | | C1 | C2 | ... | C14 | |
	M11	M12	M13	M14	M15	M16	M21	M22	...			M101	M102	M103	M104				C141	C142
1	0	0	0	0	1	0	0	0	...	0	...	0	0	0	1	0.747	0.799	...	0	1
2	0	0	1	0	0	0	0	0	...	0	...	0	0	1	0	0.802	0.800	...	1	0
3	0	0	0	0	0	0	0	0	...	0	...	1	0	0	0	0.787	0.835	...	0	1
4	0	0	1	0	0	0	0	0	...	0	...	1	0	0	0	0.787	0.784	...	1	0
5	0	0	1	0	0	0	0	0	...	0	...	1	0	0	0	0.721	0.717	...	1	0
6	1	0	0	0	0	0	1	0	...	0	...	0	0	1	0	0.761	0.733	...	1	0
7	0	0	1	0	0	0	0	1	...	0	...	0	0	1	0	0.605	0.771	...	1	0
8	0	1	0	0	0	0	0	0	...	0	...	0	0	0	1	0.734	0.741	...	0	1
9	0	0	0	0	0	1	0	0	...	1	...	0	1	0	0	0.774	0.781	...	0	1
10	0	0	0	1	0	0	0	0	...	1	...	0	0	0	1	0.632	0.695	...	1	0
11	0	0	0	0	0	0	0	0	...	0	...	0	0	0	1	0.841	0.866	...	0	1
12	0	0	0	0	0	0	1	0	...	1	...	0	0	0	0	0.592	0.714	...	1	1
...	...	...	...	...	...	...	...	...	...	...	...	...	...	...	...	...	...	...	...	...
51	0	0	1	1	0	0	0	0	...	0	...	0	0	0	0	0.632	0.745	...	1	0
52	0	0	1	0	0	0	0	0	...	0	...	0	1	0	0	0.854	0.818	...	1	0
53	1	0	0	1	0	0	0	1	...	0	...	0	0	1	0	0.671	0.700	...	1	0
54	0	0	0	0	0	0	0	0	...	0	...	1	0	0	0	0.618	0.658	...	0	1

结合表 7‐25 中的历史数据,应用 Matlab R2014a 对 6.2.2 小节提出的 GA‐BPNN 算法进行编程以构建每一个客户信息对应的配置网络。以洗涤效果 C_2 的配置网络构建为例,其 BPNN 的网络结构为 45‐7‐1,其中,GA 算法的种群规模为 100,进化代数为 100,交叉概率为 0.7,变异概率为 0.1,BPNN 的传递函数采用 Logsigmoid 型函数,训练函数采用 Trainlm 函数,训练误差设定为 0.0001。通过 GA‐BPNN 算法得到洗涤效果对应配置网络,其预测误差列于表 7‐26 中。同理,可得到其他客户信息对应的配置网络并将其固化,以为后续的配置优化做准备。

表 7‐26　洗涤效果配置网络的预测误差

预测样本编号	1	2	3	4	5	6	7	8
实际值	0.875	0.783	0.812	0.691	0.745	0.818	0.700	0.658
预测值	0.883	0.803	0.815	0.699	0.724	0.792	0.692	0.689
误差	0.008	0.020	0.004	0.008	−0.021	−0.026	−0.008	0.031

7.4.2　模糊配置优化

假定洗衣机各模块实例的加工工艺是可实现的,由设计工程师根据市场情况及工作经验对洗衣机各模块实例的成本及加工周期进行分析,并用三角模糊数表达其信息的不确定性,从而得到各模块实例的模糊成本和模糊加工周期,见表 7‐27。

表 7‐27　洗衣机模块实例的成本和加工周期

编号	模块名称	模块实例	成本/元	加工周期/天
1		M_{11}	[630, 665, 700]	[1.05, 1.225, 1.4]
2		M_{12}	[420, 455, 490]	[0.7, 0.84, 0.98]
3	洗衣机箱体模块 M_1	M_{13}	[280, 315, 350]	[0.56, 0.63, 0.7]
4		M_{14}	[1400, 1470, 1540]	[1.61, 1.75, 1.89]
5		M_{15}	[1190, 1260, 1330]	[1.26, 1.4, 1.54]
6		M_{16}	[910, 980, 1050]	[1.05, 1.225, 1.4]

（续表）

编号	模块名称	模块实例	成本/元	加工周期/天
7		M_{21}	[336, 350, 364]	[0.7, 0.84, 0.98]
8		M_{22}	[245, 266, 287]	[0.56, 0.7, 0.84]
9	洗衣门体模块 M_2	M_{23}	[161, 175, 189]	[0.28, 0.35, 0.42]
10		M_{24}	[630, 665, 700]	[1.05, 1.225, 1.4]
11		M_{25}	[560, 595, 630]	[0.7, 0.84, 0.98]
12		M_{26}	[455, 476, 497]	[0.56, 0.7, 0.84]
13		M_{31}	[252, 266, 280]	[0.56, 0.63, 0.7]
14	洗涤剂抽屉模块 M_3	M_{32}	[175, 196, 217]	[0.35, 0.42, 0.49]
15		M_{33}	[70, 91, 105]	[0.14, 0.21, 0.28]
...	...	...	...	...
31		M_{81}	[350, 378, 406]	[0.35, 0.42, 0.49]
32		M_{82}	[525, 560, 595]	[0.56, 0.63, 0.7]
33	洗衣机控制模块 M_8	M_{83}	[770, 826, 882]	[0.63, 0.7, 0.77]
34		M_{84}	[1 050, 1 120, 1 190]	[0.7, 0.805, 0.91]
35		M_{85}	[1 470, 1 540, 1 610]	[0.91, 0.98, 1.05]
36		M_{91}	[70, 105, 140]	[0.14, 0.175, 0.21]
37		M_{92}	[175, 196, 217]	[0.21, 0.245, 0.28]
38	洗衣机除菌模块 M_9	M_{93}	[350, 385, 420]	[0.245, 0.28, 0.315]
39		M_{94}	[525, 560, 595]	[0.35, 0.385, 0.42]
40		M_{95}	[665, 630, 665]	[0.385, 0.42, 0.455]
41		M_{96}	[770, 735, 840]	[0.49, 0.525, 0.56]
42		M_{101}	[595, 630, 665]	[0.28, 0.35, 0.42]
43	洗衣机操作模块 M_{10}	M_{102}	[315, 336, 357]	[0.35, 0.385, 0.42]
44		M_{103}	[210, 238, 266]	[0.42, 0.455, 0.49]
45		M_{104}	[70, 105, 140]	[0.49, 0.56, 0.63]

　　基于模块实例的配置信息及 7.2.2 小节中客户价值需求的预测值,客户提出对洗衣机客户价值需求的期望值,同时确定自身的情境特征,这些是客户期

望洗衣机配置方案所能满足的客户信息,见表 7 - 28。其中,客户价值需求的重要度是由 $IFOAGM(1,1)$ 模型确定的,情境特征的重要度可采用层次分析法得到,客户价值需求的类别在 7.2.2 小节中确定。

表 7 - 28　洗衣机的客户信息

客户信息	期望值	重要度	类别
C_1	0.80	0.0993	B
C_2	0.82	0.1082	B
C_3	0.85	0.0787	C
C_4	0.89	0.0923	B
C_5	0.87	0.0622	P
C_6	0.87	0.0593	C
C_7	0.91	0.0493	P
C_8	0.87	0.0627	P
C_9	0.85	0.0590	C
C_{10}	0.80	0.0700	C
C_{11}	0.60	0.0320	C
C_{12}	0.32	0.0435	C
C_{13}	100.00	0.0856	—
C_{14}	1.00	0.0979	—

洗衣机配置方案优化的过程是选择合理的模块实例组合使得其对应配置方案在短时间内以低成本最大限度地满足客户的期望,即客户满意度最大、成本最低、交付周期最短。此外,洗衣机配置方案需要满足以下约束条件:

(1) 洗衣机制造商拟定的模糊利润率为 $\tilde{\alpha} = [0.12, 0.15, 0.18]$。

(2) 洗衣机配置方案的实际报价不应超过客户的期望成本 $\tilde{C}_E = [8500, 8800, 9100]$。

（3）洗衣机配置方案的交付时间应短于客户所期望的交付周期 $\tilde{T}_E = [14, 16, 18]$。

（4）洗衣机模块实例 M_{11} 与 M_{21}、M_{12} 与 M_{22}、M_{13} 与 M_{23}、M_{14} 与 M_{24}、M_{15} 与 M_{25}、M_{16} 与 M_{26} 之间存在相容约束，即两个模块实例必须同时存在于配置方案中。

根据以上信息及式（6-4）～式（6-18）构建洗衣机的模糊多目标配置优化模型，并将其转化为式（6-24）与式（6-25）所示的机会约束规划模型，假定企业期望可信度 β_1、β_2 的取值都为 0.75。利用 Matlab R14a 对 6.4 节所介绍的 FS-NSGA-Ⅱ 算法进行编程，并求解优化模型，其中客户满意度的计算需要基于 7.4.1 小节构建的配置网络进行计算。在本案例中 FS-NSGA-Ⅱ 算法的基本参数设置为：种群规模为 100，最大迭代次数为 250，配置交叉概率的最大、最小值分别为 0.8、0.3，变异概率的最大、最小值分别为 0.08、0.01。

应用 FS-NSGA-Ⅱ 算法对洗衣机的配置优化模型进行仿真优化，其优化结果如图 7-4 所示。由图中可以看出，配置优化模型的解随进化代数的增加不断向最优解方向进化，最终得到一组 Pareto 最优解集。洗衣机配置方案客户满意度、成本及交付时间的优化过程如图 7-5～图 7-7 所示，随着进化代数的增加，客户满意度逐渐升高，成本及交付周期逐渐降低，最终各目标函数值收敛在稳定状态。

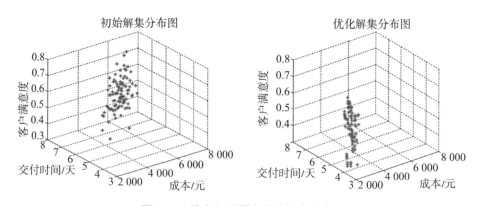

图 7-4　洗衣机配置方案的仿真优化

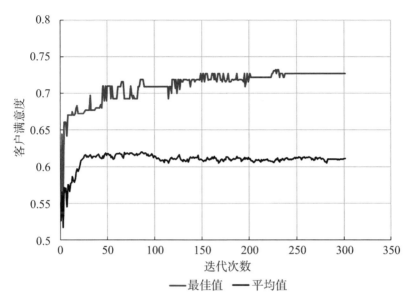

图 7 - 5　洗衣机客户满意度的变化趋势

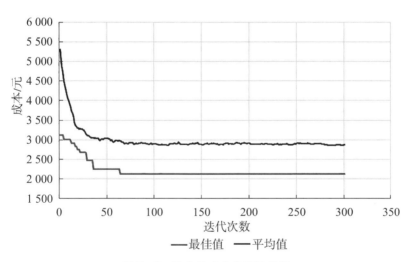

图 7 - 6　洗衣机成本的变化趋势

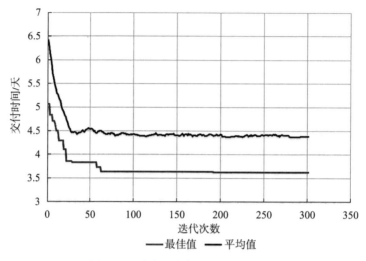

图 7-7　洗衣机交付时间的变化趋势

　　客户和企业根据其偏好及实际需要,经过妥协权衡在 Pareto 最优解集中选择其最满意的配置方案,见表 7-29。其模块实例组成为 M_{13}、M_{23}、M_{31}、M_{41}、M_{54}、M_{61}、M_{72}、M_{84}、M_{91}、M_{102},对应客户满意度为 73.90%,成本为 [4 802,5 187,5 572]元,交付周期为[5.3,5.8,6.7]天。企业根据本配置方案对各基本模块及定制模块进行详细设计,客户按照接口标准及相关约束参与到个性模块 M_{91}、M_{102} 的设计中。

表 7-29　洗衣机的最佳配置方案

配置方案	目标函数					
	客户满意度			成本/元	交付时间/天
	客户信息项	预测值	满意度	总计		
M_{13}、	C_1	0.88	0.49			
M_{23}、M_{31}、	C_2	0.86	0.49			
M_{41}、	C_3	0.92	0.92			
M_{54}、M_{61}、	C_4	0.95	0.50	73.90%	[4 802,5 187,5 572]	[5.3,5.8,6.7]
M_{72}、	C_5	0.78	0.72			
M_{84}、M_{91}、	C_6	0.79	0.72			
M_{102}	C_7	0.82	0.75			

（续表）

配置方案	目标函数					
	客户满意度				成本/元	交付时间/天
	客户信息项	预测值	满意度	总计		
	C_8	0.69	0.58			
	C_9	0.88	0.88			
	C_{10}	0.93	0.93			
	C_{11}	0.78	0.78	73.90%	[4 802, 5 187, 5 572]	[5.3, 5.8, 6.7]
	C_{12}	0.28	0.72			
	C_{13}	0100	1			
	C_{14}	01	1			

7.5　示例验证分析

　　洗衣机的个性化设计示例对本书提出的设计框架、关键技术与方法进行了应用验证：一方面，该案例证实了本书所提个性化产品设计框架的可行性，即本书提出的设计框架符合个性化产品设计的实际需求，依次通过客户价值需求的识别与分析、客户价值需求的预测与转化、个性化产品模块的构建、个性化产品的配置优化实现客户价值驱动的个性化产品设计，可以为企业开展个性化产品设计提供有效的指导与帮助；另一方面，本书在个性化产品设计各阶段所提出的关键技术与方法在洗衣机的个性化设计案例中得到了验证，在充分考虑个性化产品设计特征的基础上，这些关键技术与方法能够有效地解决个性化产品设计各阶段所涉及的问题，从而为设计人员提供合理的决策依据。

7.6　预期工业应用效益分析

　　在客户价值需求驱动产业发展的时代，洗衣机的个性化定制设计是洗衣机制造商为客户带来全新洗衣体验的必经之路。将本书的个性化产品设计技术与方法应用在洗衣机的个性化设计中能够帮助企业系统地识别与分析客户对洗衣机的价值需求，准确预测客户价值需求的变化趋势，并把握客户价值需求变化对产品技术特性的影响，从而提高洗衣机设计决策的准确性及时效性；通过构建洗衣机的模块可降低企业的设计及管理成本，为创建洗衣机的开放式产品结构奠定基础；基于模块对洗衣机进行优化配置可有效满足客户的个性化价值需求，实现个性化洗衣机的客户价值最大化，从而提高洗衣机制造商的市场竞争力。

第8章 家用电梯个性化设计的示范案例

为了更加清晰地描述本书提出的方法,以某公司某型号家用电梯轿厢的设计为例加以分析。本案例中的家用电梯主要安装在私人住宅中,实现家居无障碍通行,能够有效提高人们的生活品质。随着购买力的提升,客户更关注家用电梯对个性化价值需求的实现。为此,该公司允许客户参与家用电梯轿厢的设计,实现个性化定制。

8.1 个性化家用电梯轿厢客户价值需求识别与分析

8.1.1 客户价值需求导出

首先,根据客户价值需求的层次模型,结合家用电梯轿厢的特点,利用焦点小组访谈、头脑风暴等方法逐层建立了家用电梯轿厢的客户价值层次模型,该模型是客户价值需求识别与分析的基础。为了便于展示及研究,本模型对具体的客户价值要素做了一些简化,并设定了其数据类型及值域见表8-1。

表8-1 家用电梯轿厢的客户价值层次模型

序号	目标层	结果层	要素层	数据类型	值域
1	家用电梯轿厢客户的价值目标	效用价值	载重量	数值型	[0, 1]
2			控制智能化		
3			轿厢面积		
4			安全性		

(续表)

序号	目标层	结果层	要素层	数据类型	值域
5			操作可靠性		
6		效用价值	使用寿命		
7			维修方便性		
8	家用电梯轿厢客户的价值目标	情感价值	美观	数值型	[0, 1]
9			操作舒适度		
10		社会价值	身份象征度		
11			噪声		
12		经济价值	使用经济性		
13			能耗		

其次,围绕客户的价值目标,根据客户的价值维度进行分解,确定客户对各价值维度下价值要素的需求。经过需求分析工程师的不断挖掘及与客户之间的反复沟通、协商,最终形成客户的价值需求向量。例如,某客户的对家用电梯轿厢的价值目标为"实现四口之家的安全舒适通行,突出家庭个性",通过对价值目标的逐层分解及客户参与协商,最终确定其价值需求向量为

$$C = \{CR_1, CR_2, CR_3, \cdots, CR_{13}\}$$
$$= \{0.7, 0.5, 0.5, 0.7, 0.75, 0.75, 0.5, 0.7, 0.7, 0.7, 0.4, 0.4, 0.4\}$$

8.1.2　客户价值需求分析

1) 开展二元语义 Kano 调研,形成客户价值需求分类矩阵

对每一项客户价值需求设计如图 3-5 所示的二元语义 Kano 问卷,并进行小样本调研。邀请 50 名家用电梯轿厢设计相关的专家回答参与调研,这些专家具有不同的专业知识及经验,包括市场营销人员、技术人员、销售人员等。以客户价值需求项 CR_2 为例,调研对象 C_1 为需求 CR_2 的 Kano 正向问题、反向问题的回答分别为 $(s_4^7, 0.2)$,$(s_1^7, -0.1)$。利用式(3-6)~式(3-9)将调研对象 C_1 的二元语义回答转化成标准 Kano 调研偏好向量:

$$\textbf{Fun}_2^1 = (0, 0, 0.8, 0.2, 0)$$

$$Dys_2^1 = (0.4, 0.6, 0, 0, 0)$$

根据式（3-10），利用需求 CR_2 的正向问题向量 $\boldsymbol{Fun}_2^1$ 及反向问题向量 $\boldsymbol{Dys}_2^1$，得到其二维 Kano 类别评估矩阵：

$$\boldsymbol{MD}_2^1 = \begin{bmatrix} 0 & 0 & 0 & 0 & 0 \\ 0 & 0 & 0 & 0 & 0 \\ 0.32(\text{B}) & 0.48(\text{I}) & 0 & 0 & 0 \\ 0.08(\text{B}) & 0.12(\text{I}) & 0 & 0 & 0 \\ 0 & 0 & 0 & 0 & 0 \end{bmatrix}$$

然后，将矩阵中 $\boldsymbol{MD}_2^1$ 的元素与 Kano 评估表（表 3-6）中客户价值需求的类别进行对照，得到需求 CR_2 的类别隶属度向量：

$$\boldsymbol{PD}_2^1 = \left\langle \frac{0.32 + 0.08}{B}, \frac{0}{C}, \frac{0}{P}, \frac{0.48 + 0.12}{I}, \frac{0}{R}, \frac{0}{Q} \right\rangle = \\ \left\langle \frac{0.4}{B}, \frac{0}{C}, \frac{0}{P}, \frac{0.6}{I}, \frac{0}{R}, \frac{0}{Q} \right\rangle$$

对于需求 CR_2 的所有调研对象重复上述步骤，分别得到其对应的需求 CR_2 的类别隶属度向量，根据式（3-13）得到需求 CR_2 的最终类别隶属度向量：

$$\boldsymbol{PD}_2 = \left\langle \frac{0.18}{B}, \frac{0.53}{C}, \frac{0.19}{P}, \frac{0.1}{I}, \frac{0}{R}, \frac{0}{Q} \right\rangle$$

利用同样的方法可以得到其他客户价值需求的类别隶属度向量，从而构成客户价值需求的类别分布矩阵，见表 8-2。

表 8-2　客户价值需求的类别分布矩阵

客户价值需求项	类别分布比例					
	$B/\%$	$C/\%$	$P/\%$	$I/\%$	$R/\%$	$Q/\%$
CR_1	68	14	12	6	0	0
CR_2	18	53	19	10	0	0
CR_3	28	51	6	15	0	0
CR_4	70	10	18	2	0	0

（续表）

客户价值需求项	类别分布比例					
	$B/\%$	$C/\%$	$P/\%$	$I/\%$	$R/\%$	$Q/\%$
CR_5	68	9	17	6	0	0
CR_6	23	49	22	6	0	0
CR_7	16	56	12	16	0	0
CR_8	20	23	47	10	0	0
CR_9	20	18	54	8	0	0
CR_{10}	24	24	46	6	0	0
CR_{11}	20	62	10	8	0	0
CR_{12}	15	56	24	5	0	0
CR_{13}	23	58	13	6	0	0

根据类别分布比例,可以得到各项客户价值需求所示的类别,其中基本需求包括 CR_1、CR_4 与 CR_5,定制需求包括 CR_2、CR_3、CR_6、CR_7、CR_{11}、CR_{12}、CR_{13},个性需求包括 CR_8、CR_9、CR_{10}。

2) 计算客户价值需求主观重要度

在二元语义 Kano 问卷的重要度自我评估问题中采用表 8 - 3 中的语言标度集。根据式(3 - 15)～式(3 - 17)分别计算评估信息中语言标度出现的频率、客户价值需求的绝对主观重要度,并将绝对主观重要度进行归一化,见表 8 - 4。客户价值需求的主观重要度向量为

$$\textbf{NW}^{\text{sub}} = (nw_1^{\text{sub}}, \ nw_2^{\text{sub}}, \ nw_3^{\text{sub}}, \ \cdots, \ nw_{13}^{\text{sub}})$$

$$= (0.108, \ 0.107, \ 0.070, \ 0.111, \ 0.110, \ 0.056, \ 0.068, \ 0.082, \\ 0.061, \ 0.070, \ 0.053, \ 0.045, \ 0.060)$$

表 8 - 3 客户价值需求主观重要度评价术语和对应的三角模糊数

序号	模糊语言变量	三角模糊数
1	低(L：Low)	$(0, 0, 0.25)$
2	较低(ML：More low)	$(0, 0.25, 0.5)$

（续表）

序号	模糊语言变量	三角模糊数
3	一般（M：Middle）	(0.25，0.5，0.75)
4	较高（MH：More high）	(0.5，0.75，1.0)
5	高（H：High）	(0.75，1.0，1.0)

表 8 - 4　客户价值需求的主观重要度评价信息

客户价值需求项	语义标度的分布频率					主观重要度	归一化的主观重要度
	L	ML	M	MH	H		
CR_1	0	0.02	0.08	0.09	0.81	3.69	0.108
CR_2	0	0	0.04	0.27	0.69	3.65	0.107
CR_3	0	0.16	0.43	0.27	0.14	2.39	0.070
CR_4	0.01	0.01	0.02	0.12	0.84	3.77	0.111
CR_5	0	0.03	0.01	0.13	0.83	3.76	0.110
CR_6	0.02	0.28	0.49	0.2	0.01	1.9	0.056
CR_7	0.01	0.08	0.54	0.32	0.05	2.32	0.068
CR_8	0.02	0.11	0.23	0.34	0.3	2.79	0.082
CR_9	0.11	0.18	0.34	0.27	0.1	2.07	0.061
CR_{10}	0	0.23	0.3	0.34	0.13	2.37	0.070
CR_{11}	0.05	0.39	0.33	0.15	0.08	1.82	0.053
CR_{12}	0.05	0.49	0.35	0.1	0.01	1.53	0.045
CR_{13}	0.03	0.29	0.38	0.21	0.09	2.04	0.060

3）计算客户价值需求客观重要度

基于表 8 - 2 中的客户价值需求类别分布矩阵，根据式（3 - 23）与式（3 - 24）计算客户价值需求的绝对客观重要度，并式（3 - 25）对这些绝对客观重要度进行了归一化处理，得到客户价值需求的归一化客观重要度：

$$\boldsymbol{NW}^{\mathrm{ob}} = (nw_1^{\mathrm{ob}}, nw_2^{\mathrm{ob}}, nw_3^{\mathrm{ob}}, \cdots, nw_{13}^{\mathrm{ob}})$$

$$= (0.094, 0.065, 0.074, 0.106, 0.097, 0.065, 0.066, 0.057,$$

$$0.070, 0.060, 0.086, 0.081, 0.083)$$

4) 计算客户价值需求的满意重要度

这一步被用来分析需求类别的重要度。由于问题类型需求的出现可以通过修改 Kano 问卷而避免,在类别重要度分析中不考虑问题类型。邀请 8 名决策者应用模糊两两比较方法评价 5 种需求类别(基本需求、定制需求、个性需求、无关需求、反向需求)的重要度,其中所采用的语义信息及其对应的模糊数见表 8-5。第 1 位决策者的模糊两两比较矩阵 $\widetilde{\boldsymbol{A}}^1$ 为

$$\widetilde{\boldsymbol{A}}^1 = \begin{bmatrix} (1,1,1) & (2.5,5,7.5) & (5,7.5,10) & (7.5,10,10) & (7.5,10,10) \\ \left(\dfrac{1}{7.5},\dfrac{1}{5},\dfrac{1}{2.5}\right) & (1,1,1) & (5,7.5,10) & (7.5,10,10) & (7.5,10,10) \\ \left(\dfrac{1}{10},\dfrac{1}{7.5},\dfrac{1}{5}\right) & \left(\dfrac{1}{10},\dfrac{1}{7.5},\dfrac{1}{5}\right) & (1,1,1) & (5,7.5,10) & (7.5,10,10) \\ \left(\dfrac{1}{10},\dfrac{1}{10},\dfrac{1}{7.5}\right) & \left(\dfrac{1}{10},\dfrac{1}{10},\dfrac{1}{7.5}\right) & \left(\dfrac{1}{10},\dfrac{1}{7.5},\dfrac{1}{5}\right) & (1,1,1) & (5,7.5,10) \\ \left(\dfrac{1}{10},\dfrac{1}{10},\dfrac{1}{7.5}\right) & \left(\dfrac{1}{10},\dfrac{1}{10},\dfrac{1}{7.5}\right) & \left(\dfrac{1}{10},\dfrac{1}{10},\dfrac{1}{7.5}\right) & \left(\dfrac{1}{10},\dfrac{1}{7.5},\dfrac{1}{5}\right) & (1,1,1) \end{bmatrix}$$

表 8-5 两两比较评价语义术语和对应的三角模糊数

序号	模糊语言变量	三角模糊数
1	非常不重要(VLI:Very more important)	$(0,0,2.5)$
2	比较不重要(LI:Less important)	$(0,2.5,5)$
3	相同重要(EI:Equal important)	$(2.5,5,7.5)$
4	比较重要(MI:More important)	$(5,7.5,10)$
5	非常重要(VMI:Very more important)	$(7.5,10,10)$

依次收集其他 7 名决策者的模糊两两对比矩阵,构建式(3-28)的模糊对数最小二乘求解模型,并对其求解,得到需求类别的归一化三角模糊权重,然后式(3-29)对其进行去模糊化处理,最终得到需求类别的重要度向量:

$$\boldsymbol{KW} = (KW_1, KW_2, KW_3, KW_4, KW_5) = (0.27, 0.32, 0.40, 0.03, 0)$$

　　然后,根据式(3-30)得到客户价值需求的绝对满意重要度,并利用式(3-31)对其进行归一化处理,得到所有客户价值需求的归一化满意重要度向量:

$$NW^{\text{Kano}} = (nw_1^{\text{Kano}}, nw_2^{\text{Kano}}, nw_3^{\text{S}}, \cdots, nw_{13}^{\text{Kano}})$$

$$= (0.074, 0.077, 0.064, 0.067, 0.064, 0.079, 0.070, 0.089,$$

$$0.094, 0.091, 0.073, 0.083, 0.075)$$

　　5) 计算客户价值需求最终重要度

　　最后,根据式(3-33)将步骤2~4所得到的各项客户价值需求的归一化主观重要度、客观重要度、满意重要度进行集成,从而得到客户价值需求的最终重要度向量:

$$W = (w_1, w_2, \cdots, w_{13})$$

$$= (0.128, 0.090, 0.056, 0.133, 0.116, 0.049, 0.053, 0.071,$$

$$0.068, 0.064, 0.057, 0.052, 0.063)$$

　　由此可知,综合考虑调研对象的主观偏好、内部客观信息及客户价值需求对客户满意的贡献,家用电梯轿厢的客户价值需求排序为: $CR_4 > CR_1 > CR_5 > CR_2 > CR_8 > CR_9 > CR_{10} > CR_{13} > CR_{11} > CR_3 > CR_7 > CR_{12} > CR_6$。

　　根据调研结果可知,家用电梯轿厢的载重量 CR_1、安全性 CR_4 及操作可靠性 CR_5 被认为是排在前三位的价值需求项,是因为它们体现了家用电梯轿厢用户的核心价值,同时也是用户的基本价值,具有较高的稳定性。控制智能化 CR_2 是现代技术发展的需求,同时也是产品技术创新性的体现,因而具有较高的重要度。美观度 CR_8、操作舒适度 CR_9、身份象征度 CR_{10} 具有较高的重要度,是因为它们作为个性需求项,能够有效体现家用电梯轿厢设计的个性化及人性化水平,对提高用户满意度具有重要的意义,在电梯设计中有必要采取相关技术措施优先满足这些价值需求。

8.2　个性化家用电梯轿厢客户价值需求预测与转化

8.2.1　客户价值需求重要度及频率预测

　　步骤1:以第4章构建的方法分析客户价值需求的重要度,采用专家评价及统计方法得到客户价值需求的频率。依据企业开发家用电梯轿厢的周期，以半个月为一个子周期收集并分析客户价值需求信息，结合企业的历史数据，得到 4 个子周期的客户价值需求重要度及频率，见表 8-6 和表 8-7。

表 8-6 客户价值需求周期性重要度

客户价值需求 CR_i	周期 1	周期 2	周期 3	周期 4
CR_1	0.869	0.876	0.871	0.870
CR_2	0.614	0.592	0.561	0.539
CR_3	0.382	0.385	0.383	0.383
CR_4	0.900	0.893	0.901	0.904
CR_5	0.787	0.783	0.788	0.786
CR_6	0.332	0.300	0.280	0.250
CR_7	0.360	0.368	0.374	0.367
CR_8	0.481	0.511	0.545	0.581
CR_9	0.462	0.481	0.503	0.526
CR_{10}	0.436	0.475	0.491	0.532
CR_{11}	0.387	0.415	0.445	0.471
CR_{12}	0.350	0.326	0.302	0.271
CR_{13}	0.430	0.432	0.440	0.436

表 8-7 客户价值需求周期性频率

客户价值需求 CR_i	周期 1	周期 2	周期 3	周期 4
CR_1	0.093	0.095	0.095	0.097
CR_2	0.518	0.499	0.463	0.421
CR_3	0.487	0.471	0.459	0.447
CR_4	0.078	0.077	0.076	0.078
CR_5	0.109	0.111	0.113	0.108
CR_6	0.258	0.263	0.264	0.262

（续表）

客户价值需求 CR_i	周期 1	周期 2	周期 3	周期 4
CR_7	0.351	0.373	0.400	0.423
CR_8	0.785	0.762	0.735	0.711
CR_9	0.604	0.696	0.792	0.873
CR_{10}	0.721	0.783	0.862	0.915
CR_{11}	0.432	0.473	0.506	0.528
CR_{12}	0.510	0.451	0.390	0.330
CR_{13}	0.310	0.360	0.410	0.460

步骤 2：基于客户价值需求的历史重要度及频率，使用 Matlab R2014a 编写构建的 $IFOAGM(1，1)$ 模型的计算过程，得到各项客户价值需求的时间响应函数式（4-1）中的发展系数、灰作用量及初值修正系数，并用以预测各项客户价值下一个时期的重要度及频率。

下面以客户价值需求 CR_2 的重要度为例说明预测过程。由表 8-6 可知，客户价值需求 CR_2 历史重要度所对应的时间序列 $W_2 = (0.614，0.592，0.561，0.539)$。根据 W_2，将 IFOA 算法用 Matlab R2014a 进行编程。参数设置为：果蝇种群个数为 50，每个种群包括 3 个个体，种群进化代数为 200，$k = 0.1$。图 8-1 所示为模型的适应度值随进化代数逐渐变化的情况。随着进化

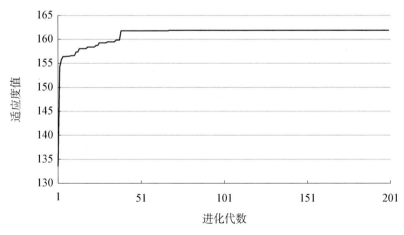

图 8-1　IFOA 中适应度值随进化代数的变化趋势

代数的增加,模型的适应度值逐渐增大,并在 50 代左右收敛于最佳结果,因而本模型可以用以优化时间响应函数中的参数值。最终得到发展系数 $a_w^1 = 0.04287$,灰作用量 $b_w^1 = 0.62767$,初值修正系数 $c_w^1 = 1.0056$。将这 3 个参数代入式(5-1),从而得到 CR_2 重要度的时间响应函数为

$$\hat{w}_1(t) = 0.6143 e^{-0.04287(t-1)} \quad (t = 1、2、\cdots、n)$$

基于上式可求得 CR_2 重要度的拟合值和预测值 $\hat{W}_2$。同理可以基于 $IFOAGM(1,1)$ 模型得到各项客户价值需求重要度及频率时间响应函数的参数,并计算出模型的模拟值与预测值,见表 8-8 和表 8-9。可以看出各项客户价值需求的实际值与拟合值之间的偏差非常小,平均相对误差均小于 0.022,表明了 $IFOAGM(1,1)$ 模型对客户价值需求重要度及频率的拟合与预测的有效性。

由表 8-8 和表 8-9 中的数据分别得到客户价值需求重要度及频率的变化趋势图,如图 8-2 和图 8-3 所示。其中,载重量 CR_1、安全性 CR_4 和操作可靠性 CR_5 始终稳定在较高的重要度及较低的频率,说明客户认为产品满足这几项客户价值需求是理所当然的,对其关注度不高,但企业需对与之相关的技术特性始终保持高度重视,以保证产品基本功能的实现。随着相关技术的逐步发展,各企业关于控制智能化 CR_2、使用寿命 CR_6、使用经济性 CR_{12} 的设计达到了较高的标准,其进一步改进需要较大的成本投资,这导致其重要度逐步下降。由于电梯智能化的普及,客户对控制智能化 CR_2 的兴趣度有所降低,对使用寿命 CR_6 始终保持较低的兴趣,对使用经济性 CR_{12} 的关注度的降低则是由于其购买力的提升。维修方便性 CR_7 及能耗 CR_{13} 的重要度变化平稳,但客户对其关注度不断提升,需提高其在系列产品中的共享能力。轿厢面积 CR_3 的重要度变化平稳,客户对其关注度小幅度下降,说明轿厢面积控制技术已成熟,且市场上的产品已满足客户的需求。美观度 CR_8 的重要度呈增大趋势,频率逐步降低,表明随着产品在市场的投入,各品牌电梯轿厢的美观度已满足客户需求,客户对其关注度下降,但企业需投入更多资源以提高轿厢在美观度方面的差异。操作舒适度 CR_9、身份象征度 CR_{10} 及噪声 CR_{11} 的频率及重要度呈增长趋势,客户对这些客户价值需求比较感兴趣,在保证生产能力的前提下企业需要投入更多的资源开发与之相关的技术特性以给客户带来意想不到的惊喜。

表 8 - 8　客户价值需求重要度的预测结果

客户价值需求 CR_i	重要度时间响应函数参数			模拟值				预测值	平均相对误差
	a_w^i	b_w^i	c_w^i	周期 1	周期 2	周期 3	周期 4		
CR_1	0.00341	0.88028	1.62383	0.877	0.874	0.871	0.868	0.365	0.00296
CR_2	0.04287	0.62767	1.00560	0.614	0.588	0.564	0.540	0.517	0.00358
CR_3	0.00296	0.38683	1.67809	0.386	0.384	0.383	0.382	0.381	0.00277
CR_4	−0.00333	0.89185	1.49420	0.895	0.898	0.901	0.904	0.907	0.00338
CR_5	−0.00051	0.78430	2.24633	0.785	0.785	0.786	0.786	0.787	0.00210
CR_6	0.10084	0.35005	1.03115	0.332	0.300	0.271	0.245	0.222	0.01165
CR_7	0.00695	0.37554	2.11277	0.372	0.369	0.366	0.364	0.361	0.01306
CR_8	−0.06199	0.46663	0.98689	0.481	0.512	0.544	0.579	0.616	0.00323
CR_9	−0.04464	0.44949	1.01680	0.460	0.481	0.503	0.526	0.550	0.00072
CR_{10}	−0.06255	0.42375	0.95105	0.436	0.464	0.494	0.526	0.560	0.00824
CR_{11}	−0.06350	0.37780	0.97406	0.389	0.415	0.442	0.471	0.502	0.00340
CR_{12}	0.10071	0.38130	1.10287	0.360	0.326	0.295	0.266	0.241	0.01508
CR_{13}	0.00304	0.43812	2.43534	0.436	0.434	0.433	0.432	0.430	0.00901

表 8-9 客户价值需求频率的预测结果

客户价值需求 CR_i	频率时间响应函数参数			模拟值				预测值	平均相对误差
	a_i^i	b_i^i	c_i^i	周期 1	周期 2	周期 3	周期 4		
CR_1	−0.012 43	0.092 78	0.906 46	0.093	0.094	0.096	0.097	0.098	0.003 45
CR_2	0.076 21	0.556 77	1.140 56	0.532	0.493	0.457	0.423	0.392	0.011 59
CR_3	0.030 53	0.494 18	0.981 86	0.487	0.472	0.458	0.444	0.431	0.002 14
CR_4	−0.004 04	0.076 38	1.771 30	0.077	0.077	0.077	0.078	0.078	0.007 88
CR_5	0.013 50	0.113 88	1.633 18	0.112	0.111	0.109	0.108	0.106	0.014 72
CR_6	0.009 23	0.268 48	1.771 35	0.265	0.263	0.261	0.258	0.256	0.011 94
CR_7	−0.062 14	0.340 00	1.010 73	0.351	0.374	0.397	0.423	0.450	0.001 61
CR_8	0.028 37	0.794 42	0.963 34	0.784	0.762	0.741	0.720	0.700	0.004 42
CR_9	−0.113 67	0.592 64	0.941 24	0.621	0.696	0.780	0.874	0.979	0.012 72
CR_{10}	−0.077 01	0.699 61	0.961 05	0.725	0.783	0.845	0.913	0.986	0.006 63
CR_{11}	−0.065 18	0.426 39	0.915 78	0.438	0.467	0.499	0.532	0.568	0.009 66
CR_{12}	0.154 54	0.570 56	1.081 39	0.525	0.450	0.385	0.330	0.283	0.015 35
CR_{13}	−0.111 32	0.309 10	0.917 24	0.322	0.360	0.403	0.450	0.503	0.021 42

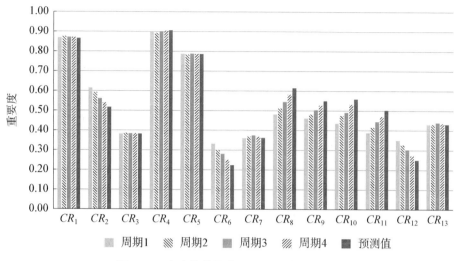

图 8-2　客户价值需求重要度的变化趋势图

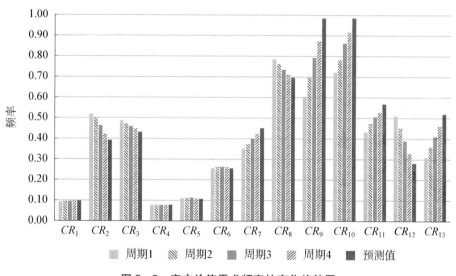

图 8-3　客户价值需求频率的变化趋势图

　　步骤 3：对各项客户价值需求重要度及频率的预测值进行归一化，应用 IF 模型对未来客户价值需求的类别进行分析，可依次得到其特征指数，以作为未来客户价值需求目标值及类别优化的输入。

8.2.2 未来客户价值需求向技术特性转化

步骤 4：企业产品设计人员确定家用电梯轿厢的主要技术特性为：驱动系统的性能 TC_1、额定速度 TC_2、额定载重量 TC_3、轿厢尺寸 TC_4、轿厢装潢 TC_5、年故障次数 TC_6、检修运行性能 TC_7、紧急报警系统性能 TC_8、防夹人系统性能 TC_9、发动机耗电量 TC_{10}、应急自救系统性能 TC_{11}、电力系统噪声 TC_{12}、预称重性能 TC_{13}、智能语音服务 TC_{14}、人机交互性 TC_{15}。根据设计经验及产品开发标准，产品设计人员确定客户价值需求及产品技术特性之间的相关性，并用 0 - 1 - 3 - 5 - 7 - 9 表示相关性的无、弱、较弱、中、较强、强。开发小组选取 3 个公司的同类产品进行市场竞争分析，分别记为 Co_1、Co_2、Co_3，通过市场调查及分析确定竞争对手的产品技术特性值，产品技术特性的上下限值及其成本系数。将这些信息填入产品质量屋，见表 8 - 10。

步骤 5：首先根据式（4 - 18）得到客户价值需求与产品技术特性的归一化关系矩阵 **R**，见表 8 - 11。其次，利用式（4 - 19）与式（4 - 20）将质量屋中产品技术特性值进行规范化处理，见表 8 - 12。

步骤 6：由设计者根据企业的实际情况确定分类阈值的区间分别为：$r_0 \in [0.1, 0.3]$、$\alpha_L \in [0.175, 0.785]$、$\alpha_H \in [0.873, 1.571]$。然后，利用式（4 - 21）～式（4 - 31）构建 IF - QFD 集成模型所对应的非线性规划模型。

步骤 7：通过 Matlab R2014a 对 MPAGA 算法进行编程，并对优化模型进行求解。MPAGA 算法的主要参数为：种群数目为 3，子种群中个体的数目为 100，进化代数为 500，横向进化代数间隔为 20，交叉概率的变化区间为 [0.6, 0.9]，变异概率的变化区间为 [0.02, 0.15]，锦标赛的竞赛规模变化区间为 [5, 30]，式（4 - 33）、式（4 - 34）及式（4 - 36）中适应度值、进化代数的调整权重均为 0.5，式（4 - 36）中 $b = 2$。优化结果为分类指数及产技术特性满足水平的最优解。

如表 8 - 13 所示，基于得到的产品技术特性的最优目标满足水平，利用式（4 - 19）与式（4 - 20）可确定各项产品技术特性的最优目标值，利用式（4 - 24）确定其对应的成本投入，总成本投入为 33.54%。设计人员将以这些设计信息为基础，结合具体的产品设计标准及约束，开展后续的产品设计活动。

表 8 - 10　家用电梯轿厢的质量屋

客户价值需求	产品技术特性														
	TC_1	TC_2	TC_3	TC_4	TC_5	TC_6	TC_7	TC_8	TC_9	TC_{10}	TC_{11}	TC_{12}	TC_{13}	TC_{14}	TC_{15}
CR_1	3	5	9	7	0	0	0	0	0	7	9	0	9	0	0
CR_2	3	0	0	0	0	1	5	9	9	0	9	0	9	9	0
CR_3	3	3	5	9	0	0	0	0	3	3	3	0	3	0	0
CR_4	7	3	3	0	0	0	9	9	9	0	9	0	9	0	0
CR_5	7	3	0	0	0	3	3	3	7	0	0	0	9	0	0
CR_6	3	3	9	0	0	9	0	1	1	0	3	0	1	0	0
CR_7	3	0	0	7	0	7	9	0	3	0	3	3	0	3	9
CR_8	0	0	0	0	9	0	0	0	9	0	3	7	7	9	7
CR_9	3	0	0	0	9	1	3	0	7	0	5	7	0	7	9
CR_{10}	7	0	0	0	0	0	0	5	0	0	0	9	0	0	5
CR_{11}	9	5	5	7	9	3	3	3	3	3	3	7	3	1	3
CR_{12}	9	7	7	7	0	3	3	3	3	7	3	3	3	1	1
CR_{13}	9	7	7	1	0	0	1	1	1	9	1	0	1	1	1
单位	%	ms^{-1}	kg	m^2	%	次	%	%	%	kW·h	%	dB	%	%	%
Co_1	90	1.6	400	2.24	65	3	73	71	68	9400	64	35	73	75	61

（续表）

客户价值需求	产品技术特性														
	TC_1	TC_2	TC_3	TC_4	TC_5	TC_6	TC_7	TC_8	TC_9	TC_{10}	TC_{11}	TC_{12}	TC_{13}	TC_{14}	TC_{15}
C_{o_2}	79	1.5	750	3.4	70	7	69	79	76	8200	69	40	67	60	59
C_{o_3}	81	1.75	600	2.85	59	4	81	65	71	9000	73	45	63	65	72
最小值	55	0.5	300	1.3	50	1	60	60	60	7000	60	20	59	55	50
最大值	100	2.5	800	3.56	95	7	100	100	100	12000	100	45	100	95	95
成本系数/%	18	15	13.5	6.1	2.9	3.8	2.2	5.1	6.5	5	7.1	3.5	4.5	3.3	3.5

表 8 - 11 客户价值需求与产品技术特性的归一化关系矩阵

客户价值需求	产品技术特性														
	TC_1	TC_2	TC_3	TC_4	TC_5	TC_6	TC_7	TC_8	TC_9	TC_{10}	TC_{11}	TC_{12}	TC_{13}	TC_{14}	TC_{15}
CR_1	0.061	0.102	0.184	0.143	0	0	0	0	0	0.143	0.18	0	0.184	0	0
CR_2	0.056	0	0	0	0	0.02	0.09	0.167	0.167	0	0.17	0	0.167	0.167	0
CR_3	0.094	0.094	0.156	0.281	0	0	0	0	0.094	0.094	0.09	0	0.094	0	0
CR_4	0.108	0.046	0.046	0	0	0.11	0.14	0.138	0.138	0	0.14	0	0.138	0	0
CR_5	0.149	0.064	0.064	0	0	0.06	0.06	0.064	0.149	0	0.19	0	0.191	0	0
CR_6	0.1	0.1	0.3	0	0	0.3	0	0.033	0.033	0	0.1	0	0.033	0	0

（续表）

客户价值需求	产品技术特性														
	TC_1	TC_2	TC_3	TC_4	TC_5	TC_6	TC_7	TC_8	TC_9	TC_{10}	TC_{11}	TC_{12}	TC_{13}	TC_{14}	TC_{15}
CR_7	0.086	0	0	0.2	0	0.2	0.26	0	0.086	0	0.09	0.086	0	0	0
CR_8	0	0	0	0	0.43	0	0	0	0	0	0	0	0	0.143	0.429
CR_9	0.06	0	0	0	0.1	0	0	0	0.18	0	0.06	0.14	0.14	0.18	0.14
CR_{10}	0	0	0	0	0.18	0.02	0.06	0.059	0.137	0	0.1	0.137	0	0.137	0.176
CR_{11}	0.226	0	0	0	0.16	0	0	0.161	0	0	0	0.29	0	0	0.161
CR_{12}	0.134	0.075	0.075	0.104	0.13	0.04	0.04	0.045	0.045	0.104	0.04	0.045	0.045	0.015	0.045
CR_{13}	0.225	0.175	0.175	0.025	0	0	0.03	0.025	0.025	0.225	0.03	0	0.025	0.025	0.025

表 8 - 12　产品技术特性值的规范化

竞争对手	产品技术特性满足水平														
	x_1	x_2	x_3	x_4	x_5	x_6	x_7	x_8	x_9	x_{10}	x_{11}	x_{12}	x_{13}	x_{14}	x_{15}
Co_1	0.778	0.55	0.478	0.416	0.33	0.67	0.33	0.28	0.2	0.52	0.1	0.4	0.341	0.5	0.244
Co_2	0.533	0.5	0.913	0.929	0.44	0.00	0.23	0.48	0.4	0.76	0.23	0.2	0.195	0.125	0.2
Co_3	0.578	0.625	0.783	0.686	0.2	0.50	0.53	0.13	0.275	0.6	0.33	0	0.098	0.25	0.489

表 8-13　产品技术特性满足水平及成本投入的优化结果

产品技术特性 TC_j	技术特性的目标满足水平 x_j	技术特性的目标值 X_j	成本投入 C_j
TC_1	0.648	84.61%	11.66
TC_2	0.575	$1.65\,\mathrm{ms^{-1}}$	8.63
TC_3	0.749	647.51 kg	10.11
TC_4	0.683	$2.84\,\mathrm{m^2}$	4.17
TC_5	0.985	94.32%	2.86
TC_6	0.980	1.12 次	3.72
TC_7	0.962	98.27%	2.12
TC_8	0.401	76.03%	2.04
TC_9	0.315	72.62%	2.05
TC_{10}	0.996	$7\,017.96\,\mathrm{kW \cdot h}$	4.98
TC_{11}	0.242	69.66%	1.72
TC_{12}	0.976	20.58 dB	3.42
TC_{13}	0.437	76.93%	1.97
TC_{14}	0.974	93.95%	3.21
TC_{15}	0.983	94.24%	3.44
总计 $C/\%$			33.54

利用式(4-23)可计算出客户价值需求的最优目标满足水平,根据分类指数的最优解及步骤 3 中得到的客户价值需求特征指数,对未来客户价值需求进行分类,并利用式(4-22)计算其对应的客户满意度,根据式(4-21)得到总体客户满意度为 479.16%。客户价值需求的相关优化结果列于表 8-14 中,客户及企业在配置产品时可以此为参考确定客户的价值需求,以提高客户价值需求的有效性及产品设计活动的前瞻性。

表 8-14　客户价值需求满足水平及满意度的优化结果

客户价值需求 CR_i	分类指数　$r_0 = 0.206$　$\alpha_L = 0.302$　$\alpha_H = 0.989$		
	客户价值需求目标满足水平 y_i	需求类别	满意度 $S_i/\%$
CR_1	0.601	B	42.024
CR_2	0.538	C	53.801
CR_3	0.611	C	61.053
CR_4	0.563	B	40.443
CR_5	0.508	B	37.875
CR_6	0.704	C	70.370
CR_7	0.767	C	76.698
CR_8	0.983	C	98.263
CR_9	0.719	P	75.883
CR_{10}	0.781	P	80.523
CR_{11}	0.812	C	81.182
CR_{12}	0.745	C	74.535
CR_{13}	0.727	C	72.664
总体满意度 $S/\%$			479.16

　　进一步分析可知,以表 8-13 和表 8-14 内所列的信息为目标设计产品,按照式(4-26)可以计算出产品所提供的客户价值为 14.28,是在不违反技术特性满足水平及分类指数约束的情况下,客户满意度及企业成本投入所能达到的最佳权衡。需要注意的是,优化结果为设计人员提供了产品的设计方向,但是在实际产品开发过程中,由于受到多方面约束,企业并不能完全按照优化结果开展设计活动,可能需要局部调整。

8.3　个性化家用电梯轿厢的模块构建

8.3.1　零部件间相关性分析

　　设计人员对第 5 章中由客户价值需求转化得到的产品技术特性进行分析,从而得到与其相关的家用电梯轿厢零部件,见表 8-15。根据 5.2.1 小节中给出的五项模块划分驱动因素分析家用电梯轿厢零部件间的相关性。

表 8-15　家用电梯轿厢的技术特性及零部件

技术特性编号	技术特性	零部件编号	零部件名称
1	制动可靠性	1	轿架上梁
2	额定载重量	2	轿架立柱
3	轿厢尺寸	3	轿架下梁
4	轿厢装潢	4	拉条
5	防夹人系统性能	5	开门机
6	耗电量	6	轿顶板
7	应急自救系统性能	7	轿壁板
8	噪声	8	轿底板
9	超速保护	9	轿门
10	智能服务	10	吊顶
11	人机交互性	11	轿壁装饰
		12	轿底装饰
		13	轿门装饰
		14	轿内操纵箱
		15	安全钳
		16	安全钳拉杆

1）建立家用电梯零部件的相关性评价子矩阵

基于设计经验及知识，根据表 5-1 给出的零部件与产品技术特性相关关系的评价语言术语及对应的区间直觉模糊数，由设计专家采用语言术语表达零部件与产品技术特性之间的关联关系，并将相关语言术语采用区间直觉模糊数量化。家用电梯轿厢零部件与其技术特性之间的关系矩阵，见表 8-16。

表 8-16　家用电梯轿厢零部件与技术特性之间的关系矩阵

特性参数	TC_1	TC_2	TC_3	TC_4	TC_5	TC_6	TC_7	TC_8	TC_9	TC_{10}	TC_{11}
C_1		VS	S								
C_2		S	S								
C_3		S	S								
C_4		M	W								
C_5	S				M	S	S	M			

（续表）

特性参数	TC_1	TC_2	TC_3	TC_4	TC_5	TC_6	TC_7	TC_8	TC_9	TC_{10}	TC_{11}
C_6		M	VS				S	M			
C_7		M	S					M			
C_8		M	VS					M			
C_9		M	S		S			S	M		
C_{10}		W	S					M			
C_{11}		W	M	S				W			
C_{12}		W	S	S				W			
C_{13}		W	M	S				W			
C_{14}				S		VW	S			S	VS
C_{15}	S								VS		
C_{16}	S								VS		

应用两两比较法,基于表 5-2~表 5-5 给出的零部件间的相关性评价语义术语及对应的区间直觉模糊数,由设计专家依次确定零部件间的功能自相关矩阵、结构自相关矩阵、客户参与自相关矩阵及可适应设计自相关矩阵,其中功能自相关矩阵见表 8-17。

2) 家用电梯轿厢零部件相关性评价子矩阵的统一化

将表 8-16 中的信息用表 5-1 中的区间直觉模糊数表示,则得到式(5-18)的区间直觉模糊数矩阵,结合第 5 章中各技术特性的重要度,根据式(5-4)、式(5-14)、式(5-15)计算家用电梯轿厢零部件间的技术特性相关度,从而将零部件与技术特性的关系矩阵转化为零部件间的技术特性自相关矩阵,见表 8-18。

3) 家用电梯轿厢零部件自相关性子矩阵的集成

设计专家利用两两比较法,对五个模块划分驱动元素在家用电梯轿厢零部件相关性分析中的重要度进行评价,得到各自的权重为

$$W = \{0.187,\ 0.232,\ 0.218,\ 0.211,\ 0.152\}$$

将家用电梯轿厢零部件自相关子矩阵分别转化为区间直觉模糊数形式,并根据式(5-17)计算零部件间的综合相关度,得到家用电梯轿厢零部件间的综合自相关矩阵,见表 8-19。

表 8 – 17 家用电梯轿厢零部件间的功能自相关矩阵

	C_1	C_2	C_3	C_4	C_5	C_6	C_7	C_8	C_9	C_{10}	C_{11}	C_{12}	C_{13}	C_{14}	C_{15}	C_{16}
C_1		VS	VS	S		W	W	W	W							
C_2			VS	VS		W	W	W	W							
C_3				S		W	W	W	W							
C_4						VW	VW	VW	VW							
C_5									S						W	W
C_6							S	S	S	M						
C_7								S	S		M					
C_8									S			M			S	
C_9													M			
C_{10}											S	S	S	W		
C_{11}												S	S	W		
C_{12}													S	W		
C_{13}																
C_{14}																
C_{15}																VS
C_{16}																

表 8 - 18　家用电梯轿厢零部件间的技术特性自相关矩阵

—	C_1	C_2	C_3	C_4	C_5	C_6	C_7	C_8	C_9	C_{10}	C_{11}	C_{12}	C_{13}	C_{14}	C_{15}	C_{16}
C_1	1.00	0.98	0.98	0.95	0.53	0.83	0.93	0.94	0.73	0.90	0.84	0.85	0.84	0.58	0.66	0.66
C_2		1.00	1.00	0.97	0.56	0.85	0.95	0.96	0.75	0.94	0.88	0.89	0.88	0.62	0.70	0.70
C_3			1.00	0.97	0.56	0.85	0.95	0.96	0.75	0.94	0.88	0.89	0.88	0.62	0.70	0.70
C_4				1.00	0.63	0.83	0.94	0.94	0.74	0.94	0.90	0.89	0.90	0.69	0.76	0.76
C_5					1.00	0.68	0.62	0.59	0.76	0.64	0.61	0.59	0.61	0.59	0.63	0.63
C_6						1.00	0.89	0.89	0.89	0.88	0.82	0.83	0.82	0.68	0.56	0.56
C_7							1.00	0.99	0.79	0.98	0.91	0.92	0.91	0.63	0.69	0.69
C_8								1.00	0.78	0.98	0.90	0.91	0.90	0.60	0.67	0.67
C_9									1.00	0.78	0.73	0.73	0.73	0.60	0.49	0.49
C_{10}										1.00	0.92	0.93	0.92	0.66	0.72	0.72
C_{11}											1.00	0.99	1.00	0.75	0.68	0.68
C_{12}												1.00	0.99	0.73	0.67	0.67
C_{13}													1.00	0.75	0.68	0.68
C_{14}														1.00	0.53	0.53
C_{15}															1.00	1.00
C_{16}																1.00

表 8 - 19 家用电梯轿厢零部件间的区间直觉模糊综合自相关矩阵

—	C_1	C_2	C_3	...	C_{14}	C_{15}	C_{16}
C_1	([1,1], [0,0])	([0.69, 0.73], [0.25, 0.27])	([0.66, 0.69], [0.29, 0.31])	...	([0.31, 0.35], [0.61, 0.65])	([0.39, 0.41], [0.57, 0.59])	([0.39, 0.41], [0.57, 0.59])
C_2		([1,1], [0,0])	([0.66, 0.69], [0.29, 0.31])	...	([0.31, 0.35], [0.61, 0.65])	([0.39, 0.41], [0.57, 0.59])	([0.39, 0.41], [0.57, 0.59])
C_3			([1,1], [0,0])	...	([0.31, 0.35], [0.61, 0.65])	([0.39, 0.41], [0.57, 0.59])	([0.39, 0.41], [0.57, 0.59])
...	...	...	...	...	...	...	...
C_{14}					([1,1], [0,0])	([0.31, 0.35], [0.61, 0.65])	([0.31, 0.35], [0.61, 0.65])
C_{15}						([1,1], [0,0])	([0.66, 0.69], [0.29, 0.31])
C_{16}							([1,1], [0,0])

8.3.2 模块划分

根据 5.3 节中给出的方法,构建表 8 - 19 中区间直觉模糊相关矩阵的等价矩阵。通过计算,得到 $\widetilde{R}^{16} = \widetilde{R}^8$,则 $\widetilde{R}^8$ 为区间直觉模糊等价相关矩阵,见表 8 - 20。将区间直觉模糊等价相关矩阵中的元素从小到大排序,并依次作为区间直觉模糊截距值 $\widetilde{\lambda}$,构建区间直觉模糊等价相关矩阵对应的截距矩阵,基于此进行零部件的聚类,从而得到不同粒度的模块划分方案。企业确定家用电梯轿厢的模块粒度范围为 4~8,则其对应的模块划分方案见表 8 - 21。

表 8-20　家用电梯轿厢零部件间的区间直觉模糊等价相关矩阵

—	C_1	C_2	C_3	...	C_{14}	C_{15}	C_{16}
C_1	([1, 1], [0, 0])	([0.70, 0.73], [0.25, 0.27])	([0.55, 0.57], [0.4, 0.43])	...	([0.11 0.11], [0.89, 0.89])	([0.13, 0.13], [0.87, 0.87])	([0.13, 0.13], [0.87, 0.87])
C_2		([1, 1], [0, 0])	([0.66, 0.69], [0.29, 0.31])	...	([0.12, 0.12], [0.88, 0.88])	([0.28, 0.29], [0.70, 0.71])	([0.28, 0.29], [0.70, 0.71])
C_3			([1, 1], [0, 0])	...	([0.12, 0.12], [0.88, 0.88])	([0.14, 0.14], [0.86, 0.86])	([0.14, 0.14], [0.86, 0.86])
...				...	...	...	...
C_{14}					([1, 1], [0, 0])	([0.10, 0.10], [0.90, 0.90])	([1, 1], [0, 0])
C_{15}						([1, 1], [0, 0])	([0.66, 0.69], [0.29, 0.31])
C_{16}							([1, 1], [0, 0])

表 8-21　不同区间直觉模糊截距值$\tilde{\lambda}$下家用电梯轿厢的模块划分方案

模块划分方案		方案 1 $\tilde{\lambda} =$ ([0.40, 0.43], [0.55, 0.57])	方案 2 $\tilde{\lambda} =$ ([0.54, 0.58], [0.38, 0.42])	方案 3 $\tilde{\lambda} =$ ([0.58, 0.61], [0.35, 0.39])	方案 4 $\tilde{\lambda} =$ ([0.59, 0.62], [0.35, 0.38])	方案 5 $\tilde{\lambda} =$ ([0.61, 0.64], [0.34, 0.36])
零部件分布	模块 1	C_1, C_2, C_3, C_4, C_6, C_7, C_8, C_9, C_{10}, C_{11}, C_{12}, C_{13}	C_1, C_2, C_3, C_4	C_1, C_2, C_3, C_4	C_1, C_2, C_3, C_4	C_1, C_2, C_3, C_4
	模块 2	C_5	C_5	C_5	C_5	C_5

（续表）

模块划分方案	方案 1	方案 2	方案 3	方案 4	方案 5
	$\tilde{\lambda} =$ $([0.40, 0.43],$ $[0.55, 0.57])$	$\tilde{\lambda} =$ $([0.54, 0.58],$ $[0.38, 0.42])$	$\tilde{\lambda} =$ $([0.58, 0.61],$ $[0.35, 0.39])$	$\tilde{\lambda} =$ $([0.59, 0.62],$ $[0.35, 0.38])$	$\tilde{\lambda} =$ $([0.61, 0.64],$ $[0.34, 0.36])$

零部件分布		方案 1	方案 2	方案 3	方案 4	方案 5
	模块 3	C_{14}	$C_6, C_7, C_8,$ $C_9, C_{10}, C_{11},$ C_{12}, C_{13}	$C_6, C_7, C_8,$ C_9	$C_6, C_7, C_8,$ C_9	C_6, C_7, C_8
	模块 4	C_{15}, C_{16}	C_{14}	$C_{10}, C_{11}, C_{12},$ C_{13}	C_{10}	C_9
	模块 5		C_{15}, C_{16}	C_{14}	C_{11}, C_{12}, C_{13}	C_{10}
	模块 6			C_{15}, C_{16}	C_{14}	C_{11}, C_{12}, C_{13}
	模块 7				C_{15}, C_{16}	C_{14}
	模块 8					C_{15}, C_{16}

8.3.3　模块划分方案评选

1）构建模块划分方案评选矩阵

基于表 8-19 所示家用电梯轿厢零部件间的区间直觉模糊综合自相关矩阵，按照 5.4.1 小节中给出的 4 项评价指标的计算方法，得到表 8-21 中家用电梯轿厢模块划分方案的评价矩阵，见表 8-22，对其中的精确数进行处理，得到划分方案的区间直觉模糊评价矩阵，见表 8-23。

表 8-22　家用电梯轿厢模块方案的评选矩阵

模块划分方案	聚合度	聚合平稳度	耦合度	耦合平稳度
A_1	$([0.62, 0.63], [0.36, 0.37])$	0.450	$([0.24, 0.29], [0.69, 0.71])$	0.150
A_2	$([0.64, 0.65], [0.34, 0.35])$	0.289	$([0.37, 0.40], [0.57, 0.60])$	0.199

（续表）

模块划分方案	聚合度	聚合平稳度	耦合度	耦合平稳度
A_3	（[0.78，0.81]，[0.16，0.19]）	0.217	（[0.42，0.45]，[0.51，0.55]）	0.27
A_4	（[0.72，0.74]，[0.25，0.26]）	0.258	（[0.45，0.48]，[0.49，0.52]）	0.410
A_5	（[0.78，0.79]，[0.19，0.21]）	0.198	（[0.47，0.50]，[0.47，0.50]）	0.295

表 8 - 23　家用电梯轿厢模块方案的区间直觉模糊评选矩阵

模块划分方案	聚合度	聚合平稳度	耦合度	耦合平稳度
A_1	（[0.62，0.63]，[0.36，0.37]）	（[0.33，0.33]，[0.67，0.67]）	（[0.24，0.29]，[0.69，0.71]）	（[0.11，0.11]，[0.89，0.89]）
A_2	（[0.64，0.65]，[0.34，0.35]）	（[0.21，0.21]，[0.79，0.79]）	（[0.37，0.40]，[0.57，0.60]）	（[0.15，0.15]，[0.85，0.85]）
A_3	（[0.78，0.81]，[0.16，0.19]）	（[0.16，0.16]，[0.84，0.84]）	（[0.42，0.45]，[0.51，0.55]）	（[0.20，0.20]，[0.80，0.80]）
A_4	（[0.72，0.74]，[0.25，0.26]）	（[0.19，0.19]，[0.81，0.81]）	（[0.45，0.48]，[0.49，0.52]）	（[0.30，0.30]，[0.70，0.70]）
A_5	（[0.78，0.79]，[0.19，0.21]）	（[0.14，0.14]，[0.86，0.86]）	（[0.47，0.50]，[0.47，0.50]）	（[0.22，0.22]，[0.78，0.78]）
A^+	（[0.78，0.81]，[0.16，0.19]）	（[0.14，0.14]，[0.86，0.86]）	（[0.24，0.29]，[0.69，0.71]）	（[0.11，0.11]，[0.89，0.89]）
A^-	（[0.62，0.63]，[0.36，0.37]）	（[0.33，0.33]，[0.67，0.67]）	（[0.47，0.50]，[0.47，0.50]）	（[0.30，0.30]，[0.70，0.70]）

2）计算指标的权重

根据式（5 - 32）计算各评价指标的偏差度值，并得到评价指标的客观权重，见表 8 - 24。设计专家根据主观经验给出各指标的主观权重，根据式（5 - 35）计算得到评价指标的集成权重，列于表 8 - 24 中。

表 8-24   家用电梯轿厢模块方案评价指标的权重

评价指标	聚合度	聚合平稳度	耦合度	耦合平稳度
偏差度	0.1677	0.1495	0.1651	0.1686
客观权重	0.2576	0.2297	0.2537	0.2590
主观权重	0.27	0.24	0.26	0.23
集成权重	0.2780	0.2203	0.2636	0.2381

3) 计算方案的贴近度系数

确定模块划分方案的区间直觉模糊正理想解 A^+ 及区间直觉模糊负理想解 A^-,列于表 8-25 中。结合表 8-24 中的集成权重,根据式(5-37)及式(5-38)计算各方案到区间直觉模糊正理想解及区间直觉模糊负理想解的距离,并由式(5-39)得到贴近度系数,列于表 8-25 中。

表 8-25   家用电梯轿厢模块方案的评价结果

模块划分方案	到正理想解的距离	到负理想解的距离	贴近度系数	排序
A_1	0.0219	0.0270	0.5524	2
A_2	0.0154	0.0152	0.4979	4
A_3	0.0121	0.0240	0.6656	1
A_4	0.0278	0.0096	0.2571	5
A_5	0.0184	0.0221	0.5459	3

可以看出,模块划分方案 A_3 的贴近度系数最大,应为家用电梯轿厢的最佳模块划分方案。根据该方案,家用电梯轿厢包括 6 个模块,分别为:轿架模块 $M_1 = \{C_1, C_2, C_3, C_4\}$,开门机模块 $M_2 = \{C_5\}$,轿厢模块 $M_3 = \{C_6, C_7, C_8, C_9,\}$,轿厢装饰模块 $M_4 = \{C_{10}, C_{11}, C_{12}, C_{13}\}$,轿内操纵箱模块 $M_5 = \{C_{14}\}$,安全钳模块 $M_6 = \{C_{15}, C_{16}\}$。

8.3.4   模块分类

在获得最佳模块划分方案之后,结合 5.5.1 小节中提出模块的个性化度评价指标,对模块的变异度、变更影响度、客户参与度、供应柔性、成本、复杂度进行分析评价。

8.3.4.1　建立模块的个性化度评价矩阵

1）计算模块的变异度

首先根据表 5-5 中的信息,计算技术特性满足水平的平均值 μ_{TC_t}、标准差 σ_{TC_t} 及变异度 V_{TC_t},列于表 8-26 中。然后结合表 5-9 中家用电梯轿厢零部件与技术特性的关系矩阵,按照式(5-40)计算各零部件的变异度 $\widehat{VC}_j$ 及各模块的变异度 $\tilde{V}_i$,见表 8-27。

表 8-26　家用电梯轿厢技术特性的变异信息

技术特性	TC_1	TC_2	TC_3	TC_4	TC_5	TC_6	TC_7	TC_8	TC_9	TC_{10}	TC_{11}
μ_{TC_t}	0.630	0.667	0.698	0.326	0.275	0.560	0.217	0.258	0.292	0.292	0.311
σ_{TC_t}	0.013	0.322	0.288	0.240	0.025	0.040	0.014	0.050	0.018	0.191	0.251
V_{TC_t}	0.020	0.483	0.413	0.736	0.091	0.071	0.067	0.196	0.060	0.655	0.807

表 8-27　家用电梯轿厢零部件及模块的变异信息

零部件的变异信息		模块的变异信息	
零部件	$\widehat{VC}_j$	模块	$\tilde{V}_i$
C_1	([0.20, 0.21], [0.78, 0.79])		
C_2	([0.17, 0.19], [0.80, 0.81])	M_1	([0.16, 0.17], [0.82, 0.83])
C_3	([0.17, 0.19], [0.80, 0.81])		
C_4	([0.09, 0.10], [0.89, 0.90])		
C_5	([0.07, 0.08], [0.92, 0.92])	M_2	([0.07, 0.08], [0.92, 0.92])
C_6	([0.21, 0.23], [0.76, 0.77])		
C_7	([0.17, 0.19], [0.80, 0.81])	M_3	([0.20, 0.21], [0.77, 0.79])
C_8	([0.20, 0.21], [0.77, 0.79])		
C_9	([0.20, 0.22], [0.76, 0.78])		
C_{10}	([0.24, 0.26], [0.71, 0.74])		
C_{11}	([0.24, 0.26], [0.71, 0.74])	M_4	([0.24, 0.26], [0.71, 0.74])
C_{12}	([0.24, 0.26], [0.71, 0.74])		

（续表）

	零部件的变异信息		模块的变异信息
C_{13}	$([0.24, 0.26], [0.71, 0.74])$	M_4	$([0.24, 0.26], [0.71, 0.74])$
C_{14}	$([0.49, 0.52], [0.45, 0.48])$	M_5	$([0.49, 0.52], [0.45, 0.48])$
C_{15}	$([0.02, 0.02], [0.98, 0.98])$	M_6	$([0.02, 0.02], [0.98, 0.98])$
C_{16}	$([0.02, 0.02], [0.98, 0.98])$		

2）计算模块的变更影响度

邀请 4 位专家利用表 5-1 中的区间直觉模糊语言变量构建模块的变更影响子评价矩阵，表 8-28 列出了第一位专家的决策信息。利用区间直觉模糊加权平均算子将专家决策信息集成，从而得到模块的综合变更影响矩阵，见表 8-29。根据式(5-42)～式(5-44)计算各模块的变更输出影响度 $\widetilde{OC_i}$、变更输入影响度 $\widetilde{IC_i}$ 及其对应的得分值 $s(\widetilde{OC_i})$、$s(\widetilde{IC_i})$，最终得到模块变更影响度 CI_i，列于表 8-30 中。

表 8-28 第一位专家的模块变更影响评价矩阵

—	M_1	M_2	M_3	M_4	M_5	M_6
M_1		VW	S	VW	VW	VW
M_2	W		M	VW		VW
M_3	S			S	W	
M_4					S	
M_5						
M_6	M	VW	M			

表 8-29 模块的综合变更影响矩阵

—	M_1	M_2	M_3	M_4	M_5	M_6
M_1		$([0.20, 0.23], [0.73, 0.77])$	$([0.70, 0.75], [0.21, 0.25])$	$([0.08, 0.09], [0.87, 0.91])$	$([0.06, 0.08], [0.9, 0.92])$	$([0.09, 0.10], [0.85, 0.90])$

（续表）

—	M_1	M_2	M_3	M_4	M_5	M_6
M_2	([0.19, 0.21], [0.75, 0.79])		([0.53, 0.58], [0.38, 0.42])	([0.11, 0.14], [0.83, 0.86])	([0, 0], [1, 1])	([0.11, 0.14], [0.83, 0.86])
M_3	([0.53, 0.58], [0.38, 0.42])	([0, 0], [1, 1])		([0.65, 0.70], [0.25, 0.30])	([0.24, 0.28], [0.68, 0.72])	([0, 0], [1, 1])
M_4	([0, 0], [1, 1])	([0, 0], [1, 1])	([0, 0], [1, 1])		([0.48, 0.53], [0.43, 0.47])	([0, 0], [1, 1])
M_5	([0, 0], [1, 1])	([0, 0], [1, 1])	([0, 0], [1, 1])	([0.08, 0.09], [0.87, 0.91])		([0, 0], [1, 1])
M_6	([0.48, 0.53], [0.42, 0.27])	([0.13, 0.15], [0.80, 0.85])	([0.43, 0.48], [0.48, 0.52])	([0, 0], [1, 1])	([0, 0], [1, 1])	

表 8-30　模块的变更影响度

—	M_1	M_2	M_3	M_4	M_5	M_6
$\widetilde{OC}_i$	([0.35, 0.37], [0.59, 0.63])	([0.32, 0.34], [0.63, 0.66])	([0.40, 0.43], [0.55, 0.57])	([0.24, 0.25], [0.74, 0.75])	([0.18, 0.18], [0.82, 0.82])	([0.34, 0.36], [0.62, 0.64])
$\widetilde{IC}_i$	([0.36, 0.39], [0.59, 0.61])	([0.22, 0.23], [0.75, 0.77])	([0.44, 0.47], [0.51, 0.53])	([0.32, 0.34], [0.64, 0.67])	([0.30, 0.31], [0.67, 0.69])	([0.20, 0.21], [0.78, 0.79])
$s(\widetilde{IC}_i)$	−0.246	−0.309	−0.149	−0.492	−0.635	−0.281

—	M_1	M_2	M_3	M_4	M_5	M_6
$s(\widetilde{OC}_i)$	−0.228	−0.538	−0.067	−0.324	−0.373	−0.583
CI_i	0.506	0.401	0.523	0.571	0.632	0.367

3）计算模块的客户参与度

以轿架模块 M_1 为例，由专家按照表 5-6 确定该模块的客户参与情况，其评价结果列于表 8-31 中，根据式（5-45）～式（5-48）计算其客户参与度为（[0.09, 0.11]，[0.87, 0.89]）。同理，可依次得到其他模块的客户参与度，列于表 8-32 中。

表 8-31　轿架模块 M_1 的客户参与评价表

$\widetilde{CS}_s$	$\widetilde{CW}_t$		
	提出要求 （[0.50, 0.55]， [0.40, 0.45]）	过程参与 （[0.90, 0.95]， [0.02, 0.05]）	结果评价 （[0.20, 0.25]， [0.70, 0.75]）
设计 （[0.90, 0.95]， [0.02, 0.05]）	1	0	1
制造 （[0.50, 0.55]， [0.40, 0.45]）	0	0	0
交付 （[0.30, 0.35]， [0.60, 0.65]）	0	1	0
服务 （[0.20, 0.25]， [0.70, 0.75]）	0	1	0

4）确定模块的复杂度、供应柔性及成本

邀请专家利用表 5-7 中的区间直觉模糊语言变量依次对各模块的复杂度 $\widetilde{CP}_i$、供应柔性 $\widetilde{SF}_i$ 及成本 $\widetilde{C}_i$ 进行评价，并利用区间直觉模糊加权平均算子将专家决策信息进行集成（表 8-32）。

表 8-32　家用电梯轿厢模块的个性化度评价矩阵

模块	变异度	变更影响度	客户参与度	复杂度	供应柔性	成本
M_1	([0.16, 0.17], [0.82, 0.83])	0.51	([0.09, 0.11], [0.87, 0.89])	([0.30, 0.35], [0.60, 0.65])	([0.13, 0.17], [0.78, 0.83])	([0.38, 0.43], [0.52, 0.57])
M_2	([0.07, 0.08], [0.92, 0.92])	0.40	([0.00, 0.01], [0.99, 0.99])	([0.72, 0.77], [0.19, 0.23])	([0.69, 0.74], [0.23, 0.26])	([0.65, 0.70], [0.25, 0.30])
M_3	([0.20, 0.21], [0.77, 0.79])	0.52	([0.09, 0.11], [0.87, 0.89])	([0.26, 0.30], [0.65, 0.70])	([0.27, 0.32], [0.63, 0.68])	([0.49, 0.54], [0.41, 0.46])
M_4	([0.24, 0.26], [0.71, 0.74])	0.57	([0.20, 0.23], [0.74, 0.77])	([0.32, 0.37], [0.58, 0.63])	([0.09, 0.13], [0.82, 0.87])	([0.57, 0.62], [0.33, 0.38])
M_5	([0.49, 0.52], [0.45, 0.48])	0.63	([0.24, 0.29], [0.67, 0.71])	([0.11, 0.13], [0.82, 0.87])	([0.08, 0.12], [0.83, 0.88])	([0.14, 0.17], [0.78, 0.83])
M_6	([0.02, 0.02], [0.98, 0.98])	0.37	([0.04, 0.05], [0.94, 0.95])	([0.18, 0.22], [0.73, 0.89])	([0.40, 0.45], [0.50, 0.55])	([0.50, 0.55], [0.40, 0.45])

　　将表 8-32 中模块的变更影响度转化区间直觉模糊数,并根据式(5-50)对模块个性化评价矩阵进行规范化处理,可以得到规范化的模块个性化评价矩阵(表 8-33)。

表 8-33　家用电梯轿厢模块的规范化个性化评价矩阵及个性化评价指标的权重

模块	变异度	变更影响度	客户参与度	复杂度	供应柔性	成本
	$w_1 = 0.241$	$w_2 = 0.2$	$w_3 = 0.185$	$w_4 = 0.131$	$w_5 = 0.121$	$w_6 = 0.121$
M_1	([0.16, 0.17], [0.82, 0.83])	([0.51, 0.51], [0.49, 0.49])	([0.09, 0.11], [0.87, 0.89])	([0.60, 0.65], [0.30, 0.35])	([0.78, 0.83], [0.13, 0.17])	([0.52, 0.57], [0.38, 0.43])

（续表）

模块	变异度 $w_1 = 0.241$	变更影响度 $w_2 = 0.2$	客户参与度 $w_3 = 0.185$	复杂度 $w_4 = 0.131$	供应柔性 $w_5 = 0.121$	成本 $w_6 = 0.121$
M_2	([0.07, 0.08], [0.92, 0.92])	([0.40, 0.40], [0.60, 0.60])	([0.00, 0.01], [0.99, 0.99])	([0.19, 0.23], [0.72, 0.77])	([0.23, 0.26], [0.69, 0.74])	([0.25, 0.30], [0.65, 0.70])
M_3	([0.20, 0.21], [0.77, 0.79])	([0.52, 0.52], [0.48, 0.48])	([0.09, 0.11], [0.87, 0.89])	([0.65, 0.70], [0.26, 0.30])	([0.63, 0.68], [0.27, 0.32])	([0.41, 0.46], [0.49, 0.54])
M_4	([0.24, 0.26], [0.71, 0.74])	([0.57, 0.57], [0.43, 0.43])	([0.20, 0.23], [0.74, 0.77])	([0.58, 0.63], [0.32, 0.37])	([0.82, 0.87], [0.09, 0.13])	([0.33, 0.38], [0.57, 0.62])
M_5	([0.49, 0.52], [0.45, 0.48])	([0.63, 0.63], [0.37, 0.37])	([0.24, 0.29], [0.67, 0.71])	([0.82, 0.87], [0.11, 0.13])	([0.83, 0.88], [0.08, 0.12])	([0.78, 0.83], [0.14, 0.17])
M_6	([0.02, 0.02], [0.98, 0.98])	([0.37, 0.37], [0.63, 0.63])	([0.04, 0.05], [0.94, 0.95])	([0.18, 0.22], [0.73, 0.89])	([0.40, 0.45], [0.50, 0.55])	([0.50, 0.55], [0.40, 0.45])

8.3.4.2　计算模块的综合个性化度指数

由设计专家提供个性化度评价指标的权重（表 8-33），根据式（5-52）及式（5-53）构建综合个性化度指数的优化模型，应用遗传算法对模型求解，得到各模块的综合个性化度指数，并根据式（5-1）计算其对应的得分，根据得分对模块进行排序（表 8-34）。

表 8-34　家用电梯轿厢模块的类别划分结果

模块	综合个性化度	得分值	排序	模块类别
M_1	([0.22, 0.36], [0.41, 0.53])	-0.18	3	定制模块
M_2	([0.06, 0.15], [0.63, 0.84])	-0.63	6	基本模块
M_3	([0.35, 0.39], [0.31, 0.46])	-0.21	4	定制模块

（续表）

模块	综合个性化度	得分值	排序	模块类别
M_4	$([0.34, 0.37], [0.41, 0.47])$	-0.09	2	个性模块
M_5	$([0.42, 0.60], [0.19, 0.27])$	0.28	1	个性模块
M_6	$([0.13, 0.19], [0.73, 0.79])$	-0.60	5	基本模块

8.3.4.3 模块类别划分

假设企业确定家用电梯轿厢的个性模块、定制模块、基本模块的分布比例均为 30%～35%，根据模块的个性化度排序可知，开门机模块 M_2 及安全钳模块 M_6 为基本模块，轿架 M_1 及轿厢 M_3 为定制模块，轿厢装饰 M_4 及轿内操纵箱 M_5 为个性模块。

8.4 个性化家用电梯的配置优化

8.4.1 配置网络构建

利用第 5 章介绍的个性化产品模块构建方法，获得家用电梯的最佳模块划分方案，该方案由以下模块构成：曳引模块、导向模块、安全保护模块、开门机模块、对重模块、轿厢模块、轿架模块、厅门模块、轿内操纵箱模块、轿厢装饰模块、智能识别模块。对以上模块进行类别分析将其划分为基本模块、定制模块及个性模块，其中轿厢装饰模块及智能识别模块为可选模块，其他模块为必选模块。结合企业对家用电梯的开发规划及设计师的经验，对各模块进行分析，得到其对应的模块实例，见表 8-35。在配置网络构建过程中，用 1 与 0 表示模块实例是否参与配置。

表 8-35 家用电梯的模块与模块实例

编号	模块名称	模块实例	模块类别	模块选择属性	配置属性值
1		M_{11}	▲	必选	
2	曳引模块 M_1	M_{12}	▲	必选	$\{0, 1\}$
3		M_{13}	▲	必选	

（续表）

编号	模块名称	模块实例	模块类别	模块选择属性	配置属性值
4	导向模块 M_2	M_{21}	▲	必选	
5		M_{22}	▲	必选	
6	安全保护模块 M_3	M_{31}	▲	必选	
7		M_{32}	▲	必选	
8	开门机模块 M_4	M_{41}	▲	必选	
9		M_{42}	▲	必选	
10	对重模块 M_5	M_{51}	◆	必选	
11		M_{52}	◆	必选	
12		M_{53}	◆	必选	
13	轿厢模块 M_6	M_{61}	◆	必选	
14		M_{62}	◆	必选	
15		M_{63}	◆	必选	
16	轿架模块 M_7	M_{71}	◆	必选	$\{0, 1\}$
17		M_{72}	◆	必选	
18	厅门模块 M_8	M_{81}	◆	必选	
19		M_{82}	◆	必选	
20		M_{83}	◆	必选	
21	轿内操纵箱 M_9	M_{91}	□	必选	
22		M_{92}	□	必选	
23		M_{93}	□	必选	
24	轿厢装饰模块 M_{10}	M_{101}	□	可选	
25		M_{102}	□	可选	
26		M_{103}	□	可选	
27		M_{104}	□	可选	
28	智能识别模块 M_{11}	M_{111}	□	可选	
29		M_{112}	□	可选	

注：▲表示基本模块，◆表示定制模块，□表示个性模块。

　　分析归纳家用电梯客户的主要信息(表 8-36),属性值由 0 和 1 之间的数值表示。情境特征中的客户特征为客户身份,包括企业家、中产阶级、明星及艺术家四个选项,环境特征为建筑风格,包括古典及现代两个选项,其属性值用 1 与 0 表示是否取对应的特征选项。

表 8-36　家用电梯的客户信息

编号	客户信息项	客户信息名称		客户信息属性值
1		载重量		
2		控制智能化		
3		轿厢面积		
4		安全性		
5		操作可靠性		
6		使用寿命		
7	客户价值需求	维修方便性		$[0, 1]$
8		美观		
9		操作舒适度		
10		身份象征度		
11		噪声		
12		使用经济性		
13		能耗		
14	情境特征	客户身份	企业家	$\{0, 1\}$
			中产阶级	
			明星	
			艺术家	
15		建筑风格	古典	
			现代	

　　从企业的产品数据管理相关系统中搜集家用电梯的历史交易记录,将其对应的模块实例和客户信息值构成配置信息表,见表 8-37,得到 50 组样本数据,选取 1～42 作为训练样本,其余作为测试样本。

表8-37 家用电梯的历史交易记录

编号	输入 M_1: M_{11}	M_{12}	M_{13}	M_2: M_{21}	M_{22}	M_3: M_{31}	M_{32}	⋯	M_{10}: M_{101}	M_{102}	M_{103}	M_{104}	M_{11}: M_{111}	M_{112}	输出 C_1	C_2	C_3	⋯	C_{15}: C_{151}	C_{152}
1	1	0	1	0	0	1	0	⋯	0	0	1	1	0	0	0.604	0.538	0.595	⋯	1	0
2	0	0	0	0	0	0	0	⋯	0	0	0	0	1	0	0.700	0.859	0.865	⋯	0	1
3	0	0	1	1	0	1	0	⋯	0	0	0	0	0	0	0.615	0.752	0.615	⋯	1	0
4	0	1	0	0	1	0	1	⋯	0	0	0	1	1	1	0.717	0.786	0.775	⋯	1	0
5	0	0	1	0	1	0	0	⋯	0	0	0	0	0	1	0.700	0.486	0.615	⋯	1	0
6	1	0	1	1	0	1	1	⋯	1	0	0	0	0	0	0.758	0.538	0.795	⋯	0	0
7	0	0	1	0	1	0	0	⋯	0	0	0	0	0	1	0.685	0.752	0.775	⋯	0	1
8	0	0	0	0	1	1	1	⋯	0	1	0	0	0	0	0.604	0.497	0.735	⋯	1	0
9	0	0	0	0	0	0	0	⋯	0	1	0	0	0	1	0.733	0.817	0.825	⋯	1	0
10	0	0	1	1	0	1	0	⋯	1	0	0	0	0	1	0.619	0.834	0.575	⋯	0	1
11	0	0	0	0	0	0	0	⋯	1	1	0	0	1	0	0.617	0.859	0.685	⋯	0	0
12	0	0	1	0	1	0	1	⋯	1	0	0	1	1	1	0.756	0.514	0.865	⋯	1	0
13	0	1	0	0	1	1	0	⋯	1	0	0	0	0	1	0.517	0.817	0.525	⋯	1	0
⋮	⋮	⋮	⋮	⋮	⋮	⋮	⋮	⋮	⋮	⋮	⋮	⋮	⋮	⋮	⋮	⋮	⋮	⋮	⋮	⋮
48	0	0	1	0	1	1	1	⋯	1	1	0	0	0	0	0.563	0.786	0.645	⋯	1	0
49	0	1	0	0	1	0	0	⋯	0	1	0	0	0	0	0.592	0.828	0.575	⋯	1	0
50	0	1	0	1	0	1	0	⋯	1	0	0	0	0	0	0.650	0.745	0.645	⋯	1	0

以配置方案作为配置网络的输入,客户信息作为输出,应用 Matlab R2014a 对 6.2.2 小节提出的 GA‑BPNN 算法进行编程,并用来构建每一个客户信息对应的配置网络。以载重量的配置网络构建为例,其 BPNN 的网络结构为 31‑16‑1,其中 GA 算法中的种群规模为 100,进化代数为 100,交叉概率为 0.7,变异概率为 0.1,BPNN 的传递函数采用 Logsigmoid 型函数,训练函数采用 Trainlm 函数,训练误差设定为 0.000 1。表 8‑37 列出所得载重量配置网络的预测误差,其值不高于 0.02。同理,可得到其他客户信息对应的配置网络并将其固化,以为下一步的配置优化做准备。

表 8‑38　GA‑BPNN 的预测误差

预测样本编号	1	2	3	4	5	6	7	8
实际值	0.517	0.846	0.615	0.504	0.692	0.563	0.592	0.650
预测值	0.501	0.828	0.597	0.497	0.677	0.562	0.575	0.653
误差	0.016	0.018	0.018	0.007	0.015	0.001	0.016	−0.003

8.4.2　模糊配置优化

本书假设各模块实例的工艺设计是可实现的。由设计工程师根据市场情况及工作经验对家用电梯各模块的成本及加工周期进行分析,得到各模块实例的模糊成本和模糊加工周期信息,这些模糊信息用三角模糊数形式表达,见表 8‑39。

表 8‑39　家用电梯模块实例的成本和加工周期

编号	模块名称	模块实例	成本/千元	加工周期/天
1		M_{11}	[22, 23.1, 23.9]	[5.1, 5.9, 6.7]
2	曳引模块 M_1	M_{12}	[26, 27.5, 29]	[4.3, 4.8, 5.3]
3		M_{13}	[19.1, 20.3, 21.5]	[3.9, 4.2, 4.6]
4		M_{21}	[15.6, 16.8, 17.4]	[3.7, 4.1, 4.5]
5	导向模块 M_2	M_{22}	[12, 13, 14]	[2.5, 3, 3.5]

（续表）

编号	模块名称	模块实例	成本/千元	加工周期/天
6	安全保护模块 M_3	M_{31}	[21, 22, 23]	[3.3, 3.7, 4.1]
7		M_{32}	[16.5, 18, 19.5]	[2.5, 2.8, 3.1]
8	开门机模块 M_4	M_{41}	[21.5, 22, 23.5]	[3.7, 4.2, 4.7]
9		M_{42}	[15.8, 16.4, 17]	[2.9, 3.2, 3.5]
...	...	...	...	...
21	轿内操纵箱 M_9	M_{91}	[10, 11.5, 13]	[3.7, 4, 4.3]
22		M_{92}	[8, 8.5, 9.1]	[2.5, 2.9, 3.3]
23		M_{93}	[5.1, 6.1, 7.1]	[2.5, 2.9, 3.3]
24	轿厢装饰模块 M_{10}	M_{101}	[65, 71, 77]	[6.1, 6.5, 6.9]
25		M_{102}	[39, 43, 47]	[4.4, 4.8, 5.2]
26		M_{103}	[50, 55, 60]	[5.5, 5.8, 6.1]
27		M_{104}	[35, 38, 41]	[4.1, 4.5, 4.9]
28	智能识别模块 M_{11}	M_{111}	[10.9, 12, 13.1]	[2, 2.25, 2.5]
29		M_{112}	[6.8, 7.5, 8.2]	[1.5, 1.9, 2.3]

参考模块实例的配置信息及 4.3.2 小节中所预测客户价值需求的性能值，客户确定对所购买家用电梯客户价值需求的期望，即确定客户价值需求的期望值；同时记录客户的身份特征及其建筑风格，即情境特征的期望值。以上信息是客户对家用电梯配置方案的期望，见表 8-40。其中，客户价值需求的重要度是由 $IFOAGM(1,1)$ 模型确定的，情境特征的重要度利用层次分析法得到。客户价值需求的类别是在 4.3.2 小节中确定的。

表 8-40　期望客户信息

客户信息	期望值	重要度	类别
C_1	0.64	0.098 249	B
C_2	0.87	0.079 210	C
C_3	0.75	0.053 355	C
C_4	0.85	0.106 005	B

（续表）

客户信息	期望值	重要度	类别
C_5	0.85	0.091 550	B
C_6	0.7	0.042 543	C
C_7	0.8	0.056 528	C
C_8	0.8	0.058 996	C
C_9	0.83	0.061 112	P
C_{10}	0.87	0.060 054	P
C_{11}	0.4	0.057 469	C
C_{12}	0.55	0.051 710	C
C_{13}	0.48	0.065 695	C
C_{14}	0100（中产阶级）	0.062 287	—
C_{15}	10（古典）	0.055 236	—

　　家用电梯配置方案优化的过程就是从表 8 - 39 中选择合理的模块实例组合使得其对应配置方案在短时间内以低成本最大限度地满足客户的期望，即客户满意度最大、成本最低、交付周期最短。此外，家用电梯配置方案需要满足以下约束条件：

　　（1）家用电梯制造商拟定的模糊利润率为 $\tilde{\alpha} = [0.12, 0.15, 0.20]$。

　　（2）家用电梯配置方案的实际报价不应超过客户的期望成本 $\tilde{C}_E = [450, 480, 500]$。

　　（3）家用电梯配置方案的交付时间应短于客户所期望的交付周期 $\tilde{T}_E = [56, 58, 60]$。

　　（4）模块实例 M_{63} 与 M_{104} 之间存在相容约束，即这两个模块实例必选同时存在与配置方案中。

　　基于 6.3.1 小节所介绍的方法构建家用电梯的模糊多目标配置优化模型，并根据 6.3.2 小节的介绍将其转化为机会约束规划模型，假定企业期望可信度 β_1、β_2 的取值都为 0.7。应用 6.4 节所介绍的 FS - NSGA - Ⅱ算法对模型进行求解，利用 Matlab R14a 对算法进行编程，其中客户满意度的计算需要基于 6.3.1 小节构建的配置网络进行计算。在本案例中 FS - NSGA -Ⅱ算法的基本参数设置为:种群规模为100,最大迭代次数为250,配置交叉概率的最大、最小值分别为0.8、0.3,变异概率的最大、最小值分别为0.08、0.01。

　　配置优化模型的优化过程如图8-4所示,模型的解随进化代数的增加不断向最优方向靠近,最终得到一组Pareto最优解集。家用电梯配置方案客户满意度、成本及交付时间的优化曲线分别如图8-5～图8-7所示。从图中可看出,随着进化代数的增加,客户满意度逐渐升高,成本及交付周期逐渐降低,最终各目标函数值收敛在稳定状态,表明本书所设计算法具有良好的收敛特性。

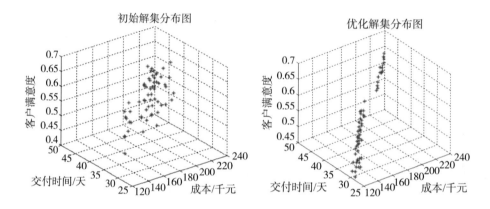

图8-4　家用电梯配置方案的仿真优化

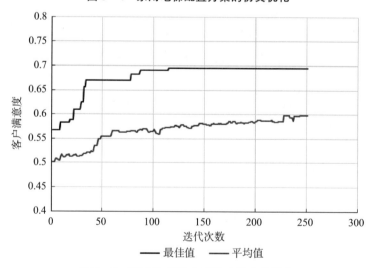

图8-5　家用电梯客户满意度的变化趋势

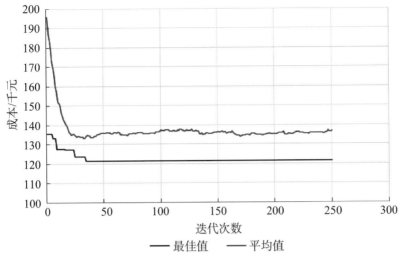

图 8-6　家用电梯成本的变化趋势

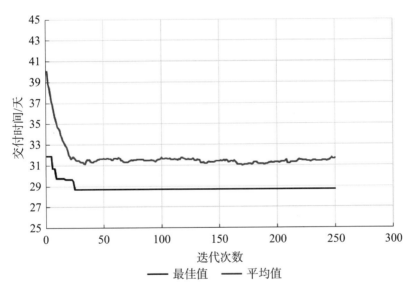

图 8-7　家用电梯交付时间的变化趋势

客户和企业根据其偏好及实际需要,经过妥协权衡在 Pareto 最优解集中选择其最满意的配置方案,见表 8-41。其模块实例组成为 M_{12}、M_{21}、M_{32}、M_{41}、M_{53}、M_{62}、M_{71}、M_{82}、M_{91}、M_{102}、M_{112},对应客户满意度为 69.57%,成本为[187.4,202.6,219.8]千元,交付周期为[35.7,40.1,44.5]天。企业根

据本配置方案对各基本模块及定制模块进行详细设计,客户按照接口标准及相关约束参与个性模块 M_{91}、M_{102}、M_{112} 的具体设计。

表 8–41　家用电梯的最佳配置方案

配置方案	目标函数					
	客户满意度				成本/千元	交付时间/天
	客户信息项	预测值	满意度	总计		
M_{12}、M_{21}、M_{32}、M_{41}、M_{53}、M_{62}、M_{71}、M_{82}、M_{91}、M_{102}、M_{112}	C_1	0.633	0.428	0.695 7	[187.4,202.6,219.8]	[35.7,40.1,44.5]
	C_2	0.838	0.807			
	C_3	0.735	0.72			
	C_4	0.826	0.471			
	C_5	0.831	0.475			
	C_6	0.9	0.9			
	C_7	0.875	0.875			
	C_8	0.812	0.812			
	C_9	0.824	0.833			
	C_{10}	0.846	0.834			
	C_{11}	0.41	0.581			
	C_{12}	0.675	0.675			
	C_{13}	0.462	0.538			
	C_{14}	0100	1			
	C_{15}	10	1			

调整机会约束中的可信度,对配置优化模型进行仿真求解,得到不同决策者可接受可信度下的优化结果,如图 8–8 所示。对比可知,成本及交付时间机会约束可信度的增大使得配置方案的约束违背风险降低,要求配置方案具有较低的成本及较短的交付时间,将导致配置方案可行解的数量减少,最终的优化解集向成本、交付时间及客户满意度降低的方向偏移。由此可知,不同的可信度将得到不同的配置方案。在求解配置优化模型时,决策者可根据其实际情况通过设置不同的可信度,以对配置方案的优化目标及约束违背风险进行权衡。

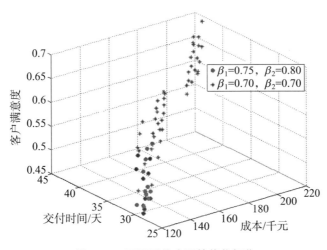

图 8‑8　不同可信度下的优化解集

8.5　示例验证分析

　　家用电梯的个性化设计示例对本书提出的设计框架、关键技术与方法进行了应用验证。一方面,该案例证实了本书所提个性化产品设计框架的可行性,即本书提出的设计框架符合个性化产品设计的实际需求,依次通过客户价值需求的识别与分析、客户价值需求的预测与转化、个性化产品模块的构建、个性化产品的配置优化实现客户价值驱动的个性化产品设计,可以为企业开展个性化产品设计提供有效的指导与帮助;另一方面,本书在个性化产品设计各阶段所提出的关键技术与方法在家用电梯的个性化设计案例中得到了验证,在充分考虑个性化产品设计特征的基础上,这些关键技术与方法针能够有效地解决个性化产品设计各阶段所涉及的问题,从而为设计人员提供合理的决策依据。

8.6　预期工业应用效益分析

　　在客户价值需求驱动产业发展的时代,家用电梯的个性化定制设计是电梯制造商为客户带来全新使用体验的必经之路。将本书的个性化产品设计技术与方法应用在家用电梯的个性化设计中能够帮助企业系统地识别与分析客户对电梯的价值需求,准确预测客户价值需求的变化趋势,并把握客户价值需求变化对产品技术特性的影响,从而提高电梯设计决策的准确性及时效性;通过构建电梯的模块可降低企业的设计及管理成本,为创建家用电梯的开放式产品结构奠定基础;基于模块对电梯进行优化配置可有效满足客户的个性化价值需求,实现个性化家用电梯的客户价值最大化,从而提高电梯制造商的市场竞争力。

参考文献

［1］刘曦卉.创新设计新价值:面向转移经济的系统设计思维[J].机械工程导报,2014,2.

［2］Brand R, Rocchi S. Rethinking value in a changing landscape. A model for strategic reflection and business transformation [J]. A philips design paper, 2010.

［3］Koren Y. The global manufacturing revolution: product-process-business integration and reconfigurable systems [M]. John Wiley & Sons, 2010.

［4］郭重庆.互联网时代,制造业应有危机意识[J].IT时代周刊,2014(20):13.

［5］石海娥.红领集团的个性化定制[J].光彩,2015(7):32－34.

［6］Hu, Jack S. Evolving paradigms of manufacturing: from mass production to mass customization and personalization [J]. Procedia CIRP, 2013,7:3－8.

［7］Kumar A. From mass customization to mass personalization: a strategic transformation [J]. International Journal of Flexible Manufacturing Systems, 2007,19(4):533－547.

［8］Hu S J, Ko J, Weyand L, et al. Assembly system design and operations for product variety [J]. CIRP Annals-Manufacturing Technology, 2011,60(2):715－733.

［9］Peng Q, Liu Y, Gu P, et al. Development of an open-architecture electric vehicle using adaptable design [M]. Springer: Advances in Sustainable and Competitive Manufacturing Systems, 2013:79－90.

［10］Montreuil B, Poulin M. Demand and supply network design scope for personalized manufacturing [J]. Production Planning & Control, 2005,16(5):454－469.

［11］Mourtzis D, Doukas M. Design and planning of manufacturing networks for mass customisation and personalisation: Challenges and Outlook [J]. Procedia CIRP, 2014, 19:1－13.

［12］Mourtzis D, Doukas M, Psarommatis F, et al. A web-based platform for mass customisation and personalisation [J]. CIRP Journal of Manufacturing Science and Technology, 2014,7(2):112－128.

［13］Koren Y, Hu S, Gu P, et al. Open-architecture products [J]. CIRP Annals-Manufacturing Technology, 2013,62(2):719－729.

［14］Zhao C, Peng Q, Gu P. Development of a paper-bag-folding machine using open architecture for adaptability [J]. Proceedings of the Institution of Mechanical Engineers, Part B: Journal of Engineering Manufacture, 2015:0954405414559281.

[15] Zhang J, Xue D, Gu P. Adaptable design of open architecture products with robust performance [J]. Journal of Engineering Design, 2015,26(1-3):1-23.

[16] Berry C, Wang H, Hu S J. Product architecting for personalization [J]. Journal of Manufacturing Systems, 2013,32(3):404-411.

[17] Tseng M, Jiao R, Wang C. Design for mass personalization [J]. CIRP Annals-Manufacturing Technology, 2010,59(1):175-178.

[18] Jiao R J, Xu Q, Du J, et al. Analytical affective design with ambient intelligence for mass customization and personalization [J]. International Journal of Flexible Manufacturing Systems, 2007,19(4):570-595.

[19] Zhou F, Ji Y, Jiao R J. Affective and cognitive design for mass personalization: status and prospect [J]. Journal of Intelligent Manufacturing, 2013,24:1047-1069.

[20] Chen Z, Wang L. Personalized product configuration rules with dual formulations: A method to proactively leverage mass confusion [J]. Expert Systems with Applications, 2010,37(1):383-392.

[21] Boztepe S. Design for global markets: a user-value-based approach [M]. Frankfurt: VDM Verlag, 2009.

[22] Cagan J, Vogel C M. Creating breakthrough products: innovation from product planning to program approval [M]. NJ: Ft Press, 2002.

[23] Kaufman J J. Value management: creating competitive advantage [M]. Tokyo: Sakura House Publishing, 1998.

[24] James M, Salter I. What does your customer really want? [J]. quality Progress, 1998,31(1):63-65.

[25] Boztepe S. Toward a framework of product development for global markets: a user-value-based approach [J]. Design studies, 2007,28(5):513-533.

[26] Park J, Han S H. Defining user value: a case study of a smartphone [J]. International Journal of Industrial Ergonomics, 2013,43(4):274-282.

[27] Miao R, Xu F, Zhang K, et al. Development of a multi-scale model for customer perceived value of electric vehicles [J]. International journal of production research, 2014,52(16):4820-4834.

[28] Monroe K B. Pricing: making profitable decisions [M]. New York: McGraw-Hill, 1990.

[29] Kotler P. Marketing management: the millennium edition [M]. NJ: Prentice-Hall Upper Saddle River, 2000.

[30] Woodruff R B. Customer value: the next source for competitive advantage [J]. Journal of the academy of marketing science, 1997,25(2):139-153.

[31] Salem Khalifa A. Customer value: a review of recent literature and an integrative configuration [J]. Management decision, 2004,42(5):645-666.

[32] Leszinski R, Morn M V. Setting value, not price [J]. Marketing in India: Cases and Readings, 2000:334.

[33] Wiersema F, Treacy M. The discipline of market leaders [M]. MA: Addison-Wesley, 1994.

[34] Woodruff R B, Gardial S. Know your customer: new approaches to understanding customer value and satisfaction [M]. NJ: Wiley, 1996.

[35] Huber F, Herrmann A, Morgan R E. Gaining competitive advantage through customer value oriented management [J]. Journal of consumer marketing, 2001, 18 (1):41 – 53.

[36] Zhang Z, Chu X. Fuzzy group decision-making for multi-format and multi-granularity linguistic judgments in quality function deployment [J]. Expert Systems with Applications, 2009, 36(5):9150 – 9158.

[37] Wang T C, Lee H D. Developing a fuzzy TOPSIS approach based on subjective weights and objective weights [J]. Expert Systems with Applications, 2009, 36(5): 8980 – 8985.

[38] Lai X, Xie M, Tan K C, et al. Ranking of customer requirements in a competitive environment [J]. Computers & industrial engineering, 2008, 54(2):202 – 214.

[39] Büyüközkan G, Ertay T, Kahraman C, et al. Determining the importance weights for the design requirements in the house of quality using the fuzzy analytic network approach [J]. International Journal of Intelligent Systems, 2004, 19(5):443 – 461.

[40] Nahm Y-E, Ishikawa H, Inoue M. New rating methods to prioritize customer requirements in QFD with incomplete customer preferences [J]. The International Journal of Advanced Manufacturing Technology, 2013, 65(9 – 12):1587 – 1604.

[41] Kwong C, Bai H. A fuzzy AHP approach to the determination of importance weights of customer requirements in quality function deployment [J]. Journal of Intelligent Manufacturing, 2002, 13(5):367 – 377.

[42] Nepal B, Yadav O P, Murat A. A fuzzy-AHP approach to prioritization of CS attributes in target planning for automotive product development [J]. Expert Systems with Applications, 2010, 37(10):6775 – 6786.

[43] Ertay T, Kahraman C. Evaluation of design requirements using fuzzy outranking methods [J]. International Journal of Intelligent Systems, 2007, 22(12):1229 – 1250.

[44] Berger C, Blauth R, Boger D, et al. Kano's methods for understanding customer-defined quality [J]. Center for Quality Management Journal, 1993, 2(4):3 – 35.

[45] Lee Y-C, Huang S-Y. A new fuzzy concept approach for Kano's model [J]. Expert Systems with Applications, 2009, 36(3):4479 – 4484.

[46] Lee Y-C, Sheu L-C, Tsou Y-G. Quality function deployment implementation based on Fuzzy Kano model: An application in PLM system [J]. Computers & industrial engineering, 2008, 55(1):48 – 63.

[47] Wu M, Wang L. A continuous fuzzy Kano's model for customer requirements analysis in product development [J]. Proceedings of the Institution of Mechanical Engineers, Part B: Journal of Engineering Manufacture, 2012, 226(3):535 – 546.

[48] Matzler K, Hinterhuber H H. How to make product development projects more

successful by integrating Kano's model of customer satisfaction into quality function deployment [J]. Technovation, 1998,18(1):25 - 38.

[49] Tontini G. Integrating the Kano model and QFD for designing new products [J]. Total Quality Management, 2007,18(6):599 - 612.

[50] Tontini G. Develop of customer needs in the QFD using a modified Kano model [J]. Journal of the Academy of Business and Economics, 2003,2(1):103 - 115.

[51] Chen C C, Chuang M C. Integrating the Kano model into a robust design approach to enhance customer satisfaction with product design [J]. International journal of production economics, 2008,114(2):667 - 681.

[52] Tan K C, Pawitra T A. Integrating SERVQUAL and Kano's model into QFD for service excellence development [J]. Managing Service Quality, 2001,11(6):418 - 430.

[53] Tan K C, Shen X X. Integrating Kano's model in the planning matrix of quality function deployment [J]. Total Quality Management, 2000,11(8):1141 - 1151.

[54] Wang C H. Incorporating customer satisfaction into the decision-making process of product configuration: a fuzzy Kano perspective [J]. International journal of production research, 2013,51(22):6651 - 6662.

[55] Wang C H, Hsueh O Z. A novel approach to incorporate customer preference and perception into product configuration: A case study on smart pads [J]. Computer Standards & Interfaces, 2013,35(5):549 - 556.

[56] Ho W. Integrated analytic hierarchy process and its applications — A literature review [J]. European Journal of Operational Research, 2008,186(1):211 - 228.

[57] Li Y, Tang J, Luo X, et al. An integrated method of rough set, Kano's model and AHP for rating customer requirements' final importance [J]. Expert Systems with Applications, 2009,36(3):7045 - 7053.

[58] Armacost R L, Componation P J, Mullens M A, et al. An AHP framework for prioritizing customer requirements in QFD: an industrialized housing application [J]. IIE transactions, 1994,26(4):72 - 79.

[59] Kwong C, Bai H. Determining the importance weights for the customer requirements in QFD using a fuzzy AHP with an extent analysis approach [J]. IIE transactions, 2003,35(7):619 - 626.

[60] Chan K Y, Kwong C, Dillon T S. An enhanced fuzzy AHP method with extent analysis for determining importance of customer requirements [M]. Berlin: Springer, 2012:79 - 93.

[61] Wang Y M, Chin K S. A linear goal programming priority method for fuzzy analytic hierarchy process and its applications in new product screening [J]. International Journal of Approximate Reasoning, 2008,49(2):451 - 465.

[62] Ruan D, Ertay T, Büyüközkan G, et al. Quality function deployment implementation based on analytic network process with linguistic data: an application in automotive industry [J]. Journal of Intelligent & Fuzzy Systems, 2005,16(3):221 - 232.

[63] Partovi F Y. An analytic model for locating facilities strategically [J]. Omega, 2006,

34(1):41 - 55.

[64] Partovi F Y. An analytical model of process choice in the chemical industry [J]. International journal of production economics, 2007,105(1):213 - 227.

[65] Raharjo H, Brombacher A C, Xie M. Dealing with subjectivity in early product design phase: A systematic approach to exploit Quality Function Deployment potentials [J]. Computers & Industrial Engineering, 2008,55(1):253 - 278.

[66] Kahraman C, Ertay T, Büyüközkan G. A fuzzy optimization model for QFD planning process using analytic network approach [J]. European Journal of Operational Research, 2006,171(2):390 - 411.

[67] Liu H T, Wang C H. An advanced quality function deployment model using fuzzy analytic network process [J]. Applied Mathematical Modelling, 2010,34(11):3333 - 3351.

[68] Wang C H, Wu C W. Combining conjoint analysis with Kano model to optimize product varieties of smart phones: a VIKOR perspective [J]. Journal of Industrial and Production Engineering, 2014,31(4):177 - 186.

[69] Wang C H, Shih C W. Integrating conjoint analysis with quality function deployment to carry out customer-driven concept development for ultrabooks [J]. Computer Standards & Interfaces, 2013,36(1):89 - 96.

[70] Ho E S S A, Lai Y J, Chang S I. An integrated group decision-making approach to quality function deployment [J]. IIE transactions, 1999,31(6):553 - 567.

[71] Liu C H, Wu H H. A fuzzy group decision-making approach in quality function deployment [J]. Quality and Quantity, 2008,42(4):527 - 540.

[72] Li M. The extension of quality function deployment based on 2 - Tuple linguistic representation model for product design under multigranularity linguistic environment [J]. Mathematical Problems in Engineering, 2012.

[73] Chaudha A, Jain R, Singh A R, et al. Integration of Kano's model into quality function deployment (QFD) [J]. The International Journal of Advanced Manufacturing Technology, 2011,53(5 - 8):689 - 698.

[74] Vantrappen H. Creating customer value by streamlining business processes [J]. Long Range Planning, 1992,25(1):53 - 62.

[75] Graf A, Maas P. Customer value from a customer perspective: a comprehensive review [J]. Journal für Betriebswirtschaft, 2008,58(1):1 - 20.

[76] Parasuraman A, Grewal D. The impact of technology on the quality-value-loyalty chain: a research agenda [J]. Journal of the academy of marketing science, 2000,28(1):168 - 174.

[77] Shen X X, Xie M, Tan K C. Listening to the future voice of the customer using fuzzy trend analysis in QFD [J]. Quality Engineering, 2001,13(3):419 - 425.

[78] Wu H H, Liao A, Wang P C. Using grey theory in quality function deployment to analyse dynamic customer requirements [J]. The International Journal of Advanced Manufacturing Technology, 2005,25(11 - 12):1241 - 1247.

[79] 李中凯,冯毅雄,谭建荣,等. 基于灰色系统理论的质量屋中动态需求的分析与预测

[J]. 计算机集成制造系统,2009,15(11):2272 - 2279.

[80] 王海权,朱超. 基于多变量灰色模型的机械产品动态需求预测[J]. 机械设计,2013, 5:003.

[81] Wu H H, Shieh J I. Using a Markov chain model in quality function deployment to analyse customer requirements [J]. The International Journal of Advanced Manufacturing Technology, 2006,30(1 - 2):141 - 146.

[82] Shieh J I, Wu H H. Applying a hidden Markov chain model in quality function deployment to analyze dynamic customer requirements [J]. Quality & Quantity, 2009,43(4):635 - 644.

[83] 陈振颂,李延来. 基于广义信度马尔科夫模型的顾客需求动态分析[J]. 计算机集成制造系统,2014,20(3):666 - 679.

[84] Xie M, Goh T N, Tan K-C. Advanced QFD applications [M]. WI: Asq Press, 2003.

[85] Raharjo H, Xie M, Brombacher A C. On modeling dynamic priorities in the analytic hierarchy process using compositional data analysis [J]. European Journal of Operational Research, 2009,194(3):834 - 846.

[86] Raharjo H, Xie M, Brombacher A C. A systematic methodology to deal with the dynamics of customer needs in Quality Function Deployment [J]. Expert Systems with Applications, 2011,38(4):3653 - 3662.

[87] 陆佳圆,冯毅雄,谭建荣,等. 产品顾客需求权重的动态趋势预测与分析[J]. 计算机集成制造系统,2011,17(10):2129 - 2136.

[88] Chen L F. A novel approach to regression analysis for the classification of quality attributes in the Kano model: an empirical test in the food and beverage industry [J]. Omega, 2012,40(5):651 - 659.

[89] Kano N. Life cycle and creation of attractive quality [C]//proceedings of the 4th QMOD Conference, Linköping, Sweden, 2001:18 - 36.

[90] Löfgren M, Witell L. Two decades of using Kano's theory of attractive quality: a literature review [J]. Quality Management Journal, 2008,15(1):59 - 75.

[91] Zhao M, Roy Dholakia R. A multi-attribute model of web site interactivity and customer satisfaction: An application of the Kano model [J]. Managing Service Quality: An International Journal, 2009,19(3):286 - 307.

[92] Song W, Ming X, Xu Z. Integrating Kano model and grey-Markov chain to predict customer requirement states [J]. Proceedings of the Institution of Mechanical Engineers, Part B: Journal of Engineering Manufacture, 2013,227(8):1232 - 1244.

[93] Akao Y. Quality function deployment: integrating customer requirements into product design [J]. Cambridge, MA: Productivity Press, 1990.

[94] Bergman B, Klefsjö B. Quality: from customer needs to customer satisfaction [M]. Lund: Studentlitteratur, 2010.

[95] Zhong S, Zhou J, Chen Y. Determination of target values of engineering characteristics in QFD using a fuzzy chance-constrained modelling approach [J]. Neurocomputing, 2014, 142:125 - 135.

[96] Ko W C, Chen L H. An approach of new product planning using quality function deployment and fuzzy linear programming model [J]. International Journal of Production Research, 2014,52(6):1728 - 1743.

[97] Lai X, Xie M, Tan K. Optimizing product design using the Kano model and QFD [C]//proceedings of the Engineering Management Conference, 2004 Proceedings 2004 IEEE International, 2004:1085 - 1089.

[98] Bode J, Fung R Y. Cost engineering with quality function deployment [J]. Computers & Industrial Engineering, 1998,35(3):587 - 590.

[99] Lai X, Xie M, Tan K-C. QFD optimization using linear physical programming [J]. Engineering optimization, 2006,38(5):593 - 607.

[100] Fung R Y, Tang J, Tu P Y, et al. Modelling of quality function deployment planning with resource allocation [J]. Research in Engineering Design, 2003,14(4):247 - 255.

[101] Dawson D, Askin R G. Optimal new product design using quality function deployment with empirical value functions [J]. Quality and Reliability Engineering International, 1999,15(1):17 - 32.

[102] Geng X, Chu X, Xue D, et al. A systematic decision-making approach for the optimal product-service system planning [J]. Expert Systems with Applications, 2011,38(9): 11849 - 11858.

[103] Chaudhuri A, Bhattacharyya M. A combined QFD and integer programming framework to determine attribute levels for conjoint study [J]. International Journal of Production Research, 2009,47(23):6633 - 6649.

[104] Delice E K, Güngör Z. A new mixed integer linear programming model for product development using quality function deployment [J]. Computers & Industrial Engineering, 2009,57(3):906 - 912.

[105] Delice E K, Güngör Z. A mixed integer goal programming model for discrete values of design requirements in QFD [J]. International journal of production research, 2011,49(10):2941 - 2957.

[106] Ji P, Jin J, Wang T, et al. Quantification and integration of Kano's model into QFD for optimising product design [J]. International Journal of Production Research, 2014,52(21):6335 - 6348.

[107] Jariri F, Zegordi S. Quality function deployment, value engineering and target costing, an integrated framework in design cost management: a mathematical programming approach [J]. Scientia Iranica, 2008,15(3):405 - 411.

[108] Eres M H, Bertoni M, Kossmann M, et al. Mapping customer needs to engineering characteristics: an aerospace perspective for conceptual design [J]. Journal of Engineering Design, 2014,25(1 - 3):64 - 87.

[109] Chen L H, Weng M C. A fuzzy model for exploiting quality function deployment [J]. Mathematical and Computer Modelling, 2003,38(5):559 - 570.

[110] Tang J, Fung R Y, Xu B, et al. A new approach to quality function deployment

planning with financial consideration [J]. Computers & Operations Research, 2002, 29(11):1447 – 1463.

[111] Fung R, Tang J, Tu Y, et al. Product design resources optimization using a non-linear fuzzy quality function deployment model [J]. International Journal of Production Research, 2002,40(3):585 – 599.

[112] Delice E K, Güngör Z. Determining design requirements in QFD using fuzzy mixed-integer goal programming: application of a decision support system [J]. International Journal of Production Research, 2013,51(21):6378 – 6396.

[113] Bostaki Z, Roghanian E. A comprehensive approach to handle the dynamics of customer's needs in Quality Function Deployment based on linguistic variables [J]. Decision Science Letters, 2014,3(2):243 – 258.

[114] Raharjo H, Xie M, Brombacher A. Prioritizing quality characteristics in dynamic quality function deployment [J]. International Journal of Production Research, 2006, 44(23):5005 – 5018.

[115] Tseng H E, Chang C C, Li J D. Modular design to support green life-cycle engineering [J]. Expert Systems with Applications, 2008,34(4):2524 – 2537.

[116] Umeda Y, Fukushige S, Tonoike K, et al. Product modularity for life cycle design [J]. CIRP Annals-Manufacturing Technology, 2008,57(1):13 – 16.

[117] Yu S, Yang Q, Tao J, et al. Product modular design incorporating life cycle issues-Group Genetic Algorithm (GGA) based method [J]. Journal of Cleaner Production, 2011,19(9):1016 – 1032.

[118] Huang C C, Liang W Y, Chuang H F, et al. A novel approach to product modularity and product disassembly with the consideration of 3R-abilities [J]. Computers & industrial engineering, 2012,62(1):96 – 107.

[119] Yan J, Feng C, Cheng K. Sustainability-oriented product modular design using kernel-based fuzzy c-means clustering and genetic algorithm [J]. Proceedings of the Institution of Mechanical Engineers, Part B: Journal of Engineering Manufacture, 2012:0954405412446283.

[120] Ji Y J, Chen X B, Qi G N, et al. Modular design involving effectiveness of multiple phases for product life cycle [J]. The International Journal of Advanced Manufacturing Technology, 2013,66(9 – 12):1475 – 1488.

[121] Li Z, Cheng Z, Feng Y, et al. An integrated method for flexible platform modular architecture design [J]. Journal of Engineering Design, 2013,24(1):25 – 44.

[122] Li Y, Chu X, Chu D, et al. An integrated module partition approach for complex products and systems based on weighted complex networks [J]. International journal of production research, 2014,52(15):4608 – 4622.

[123] Stone R B, Wood K L, Crawford R H. A heuristic method for identifying modules for product architectures [J]. Design studies, 2000,21(1):5 – 31.

[124] Gu P, Sosale S. Product modularization for life cycle engineering [J]. Robotics and Computer-Integrated Manufacturing, 1999,15(5):387 – 401.

[125] Kreng V B, Lee T-P. Modular product design with grouping genetic algorithm — a case study [J]. Computers & industrial engineering, 2004,46(3):443-460.

[126] Pandremenos J, Chryssolouris G. A neural network approach for the development of modular product architectures [J]. International Journal of Computer Integrated Manufacturing, 2011,24(10):879-887.

[127] Gao F, Xiao G, Simpson T W. Identifying functional modules using generalized directed graphs: Definition and application [J]. Computers in Industry, 2010,61(3): 260-269.

[128] Wei W, Liu A, Lu S C, et al. A multi-principle module identification method for product platform design [J]. Journal of Zhejiang University SCIENCE A, 2015,16 (1):1-10.

[129] Li Y, Chu X, Chu D, et al. An integrated approach to evaluate module partition schemes of complex products and systems based on interval-valued intuitionistic fuzzy sets [J]. International Journal of Computer Integrated Manufacturing, 2014,27(7): 675-689.

[130] Dahmus J B, Gonzalez-Zugasti J P, Otto K N. Modular product architecture [J]. Design studies, 2001,22(5):409-424.

[131] Du X, Jiao J, Tseng M M. Architecture of product family: fundamentals and methodology [J]. Concurrent Engineering, 2001,9(4):309-325.

[132] Stone R B, Kurtadikar R, Villanueva N, et al. A customer needs motivated conceptual design methodology for product portfolio planning [J]. Journal of Engineering Design, 2008,19(6):489-514.

[133] Simpson T W. Product platform design and customization: Status and promise [J]. AI EDAM: Artificial Intelligence for Engineering Design, Analysis and Manufacturing, 2004,18(1):3-20.

[134] Jiao J, Tseng M M, Duffy V G, et al. Product family modeling for mass customization [J]. Computers & industrial engineering, 1998,35(3):495-498.

[135] Zamirowski E J, Otto K N. Identifying product family architecture modularity using function and variety heuristics [C]//proceedings of the 11th International Conference on Design Theory and Methodology, ASME, Las Vegas, 1999.

[136] Fan B, Qi G, Hu X, et al. A network methodology for structure-oriented modular product platform planning [J]. Journal of Intelligent Manufacturing, 2015,26:553-570.

[137] Liu Z, Wong Y S, Lee K S. Modularity analysis and commonality design: a framework for the top-down platform and product family design [J]. International journal of production research, 2010,48(12):3657-3680.

[138] Suh E S, De Weck O L, Chang D. Flexible product platforms: framework and case study [J]. Research in Engineering Design, 2007,18(2):67-89.

[139] Suh E S. Flexible product platforms [D]. MA: Massachusetts Institute of Technology, 2005.

[140] Hu S J, Ko J, Weyand L, et al. Assembly system design and operations for product variety [J]. CIRP Annals — Manufacturing Technology, 2011, 60(2):715-733.

[141] Mittal S, Frayman F. Towards a Generic Model of Configuraton Tasks [C]//proceedings of the IJCAI, 1989:1395-1401.

[142] 王海军,孙宝元,张强,等. 支持个性化产品定制的变型配置设计方法[J]. 机械工程学报,2006,42(1):90-97.

[143] Guojun W Z S X Z, Changxue F. Configuration performance prediction of module-based product family based on rough set and neural network [J]. Chinese Journal of Mechanical Engineering, 2007, 5:014.

[144] Zhu H, Liu F, Shao X, et al. Integration of rough set and neural network ensemble to predict the configuration performance of a modular product family [J]. International journal of production research, 2010, 48(24):7371-7393.

[145] Zhang M, Li G X, Gong J Z, et al. Integrating grey relational analysis and support vector machine for performance prediction of modular configured products [J]. Proceedings of the Institution of Mechanical Engineers, Part B: Journal of Engineering Manufacture, 2013:0954405413483289.

[146] Zhang M, Li G X, Gong J Z, et al. Predicting configuration performance of modular product family using principal component analysis and support vector machine [J]. Journal of Central South University, 2014, 21(7):2701-2711.

[147] 艾辉,陈立平,李玉梅,等. 基于性能仿真的产品配置设计方法[J]. 中国机械工程, 2011,22(7):853-859.

[148] Barker V E, O'Connor D E, Bachant J, et al. Expert systems for configuration at Digital: XCON and beyond [J]. Communications of the ACM, 1989, 32(3):298-318.

[149] Zeng F, Jin Y. Study on product configuration based on product model [J]. The International Journal of Advanced Manufacturing Technology, 2007, 33(7-8):766-771.

[150] McGuinness D L, Wright J R. An industrial-strength description logic-based configurator platform [J]. Intelligent Systems and their Applications, IEEE, 1998, 13(4):69-77.

[151] Roller D, Kreuz I. Selecting and parameterising components using knowledge based configuration and a heuristic that learns and forgets [J]. Computer-Aided Design, 2003, 35(12):1085-1098.

[152] Yang D, Dong M, Miao R. Development of a product configuration system with an ontology-based approach [J]. Computer-Aided Design, 2008, 40(8):863-878.

[153] Heinrich M, Jungst E. A resource-based paradigm for the configuring of technical systems from modular components; proceedings of the Artificial Intelligence Applications, 1991 Proceedings, Seventh IEEE Conference on, 1991 [C]. IEEE: 257-264.

[154] Dahl V, Sidebottom G, Ueberla J. Automatic configuration through constraint based

reasoning [J]. International Journal of Expert Systems, 1993,6(4):561 - 579.

[155] Amilhastre J, Fargier H, Marquis P. Consistency restoration and explanations in dynamic CSPs — application to configuration [J]. Artificial Intelligence, 2002,135 (1):199 - 234.

[156] Gibson I, Yoke San W, Huang Y, et al. Automating knowledge acquisition for constraint-based product configuration [J]. Journal of Manufacturing Technology Management, 2008,19(6):744 - 754.

[157] Aldanondo M, Hadj-Hamou K, Moynard G, et al. Mass customization and configuration: Requirement analysis and constraint based modeling propositions [J]. Integrated Computer-Aided Engineering, 2003,10(2):177 - 189.

[158] Wang L, Ng W K, Song B. Extended DCSP approach on product configuration with cost estimation [J]. Concurrent Engineering, 2011,19(2):123 - 138.

[159] Yang D, Dong M. Applying constraint satisfaction approach to solve product configuration problems with cardinality-based configuration rules [J]. Journal of Intelligent Manufacturing, 2013,24(1):99 - 111.

[160] Tseng H E, Chang C C, Chang S H. Applying case-based reasoning for product configuration in mass customization environments [J]. Expert Systems with Applications, 2005,29(4):913 - 925.

[161] Xuanyuan S, Jiang Z, Li Y, et al. Case reuse based product fuzzy configuration [J]. Advanced Engineering Informatics, 2011,25(2):193 - 197.

[162] Wu M C, Lo Y F, Hsu S H. A case-based reasoning approach to generating new product ideas [J]. The International Journal of Advanced Manufacturing Technology, 2006,30(1 - 2):166 - 173.

[163] Luo X, Tu Y, Tang J, et al. Optimizing customer's selection for configurable product in B2C e-commerce application [J]. Computers in Industry, 2008,59(8):767 - 776.

[164] Hong G, Hu L, Xue D, et al. Identification of the optimal product configuration and parameters based on individual customer requirements on performance and costs in one-of-a-kind production [J]. International journal of production research, 2008,46 (12):3297 - 3326.

[165] Yang D, Dong M. A hybrid approach for modeling and solving product configuration problems [J]. Concurrent Engineering, 2012,20(1):31 - 42.

[166] Li B, Chen L, Huang Z, et al. Product configuration optimization using a multiobjective genetic algorithm [J]. The International Journal of Advanced Manufacturing Technology, 2006,30(1 - 2):20 - 29.

[167] Wei W, Fan W, Li Z. Multi-objective optimization and evaluation method of modular product configuration design scheme [J]. The International Journal of Advanced Manufacturing Technology, 2014,75(9 - 12):1527 - 1536.

[168] Yifei T, Zhaohui T, Song M, et al. Research on customer-oriented optimal configuration of product scheme based on Pareto genetic algorithm [J]. Proceedings of the Institution of Mechanical Engineers, Part B: Journal of Engineering

Manufacture, 2015,229(1):148-156.

[169] Zhu B, Wang Z, Yang H, et al. Applying fuzzy multiple attributes decision making for product configuration [J]. Journal of Intelligent Manufacturing, 2008,19(5): 591-598.

[170] Deciu E, Ostrosi E, Ferney M, et al. Configurable product design using multiple fuzzy models [J]. Journal of Engineering Design, 2005,16(2):209-233.

[171] Ostrosi E, Fougères A J, Ferney M, et al. A fuzzy configuration multi-agent approach for product family modelling in conceptual design [J]. Journal of Intelligent Manufacturing, 2012,23(6):2565-2586.

[172] Ostrosi E, Bi S T. Generalised design for optimal product configuration [J]. The International Journal of Advanced Manufacturing Technology, 2010,49(1-4):13-25.

[173] Liu Y, Liu Z. Multi-objective product configuration involving new components under uncertainty [J]. Journal of Engineering Design, 2010,21(4):473-494.

[174] 张萌. 基于产品族的机械产品模块化配置设计关键技术研究[D]. 长沙:国防科学技术大学,2013.

[175] Zhou C, Lin Z, Liu C. Customer-driven product configuration optimization for assemble-to-order manufacturing enterprises [J]. The International Journal of Advanced Manufacturing Technology, 2008,38(1-2):185-194.

[176] Nahm Y E. A novel approach to prioritize customer requirements in QFD based on customer satisfaction function for customer-oriented product design [J]. Journal of Mechanical Science and Technology, 2013,27(12):3765-3777.

[177] Wei G W. Extension of TOPSIS method for 2-tuple linguistic multiple attribute group decision making with incomplete weight information [J]. Knowledge and Information Systems, 2010,25(3):623-634.

[178] Xu Z. A method for multiple attribute decision making with incomplete weight information in linguistic setting [J]. Knowledge-based systems, 2007,20(8):719-725.

[179] Xu Y, Da Q. A method for multiple attribute decision making with incomplete weight information under uncertain linguistic environment [J]. Knowledge-based systems, 2008,21(8):837-841.

[180] Wu Z, Chen Y. The maximizing deviation method for group multiple attribute decision making under linguistic environment [J]. Fuzzy Sets and Systems, 2007,158(14):1608-1617.

[181] Herrera F, Martínez L. A model based on linguistic 2-tuples for dealing with multigranular hierarchical linguistic contexts in multi-expert decision-making [J]. Systems, Man, and Cybernetics, Part B: Cybernetics, IEEE Transactions on, 2001, 31(2):227-234.

[182] Jiang Y P, Fan Z P, Ma J. A method for group decision making with multi-granularity linguistic assessment information [J]. Inf Sci, 2008,178(4):1098-1109.

[183] Chen Z, Ben-Arieh D. On the fusion of multi-granularity linguistic label sets in group decision making [J]. Computers & industrial engineering, 2006,51(3):526 - 541.

[184] Zadeh L A. Fuzzy sets [J]. Information and control, 1965,8(3):338 - 353.

[185] Boztepe S. User value: Competing theories and models [J]. International journal of design, 2007,1(2):55 - 63.

[186] Parasuraman A. Reflections on gaining competitive advantage through customer value [J]. Journal of the Academy of marketing Science, 1997,25(2):154 - 161.

[187] Ulaga W. Capturing value creation in business relationships: A customer perspective [J]. Industrial marketing management, 2003,32(8):677 - 693.

[188] 迈克尔·波特. 企业竞争优势[M]. 北京:经济科学出版社,2003.

[189] Weingand D E. Customer service excellence: A concise guide for librarians [M]. Chicago: Amer Library Assn, 1997.

[190] Anderson J C, Narus J A. Business marketing: understand what customers value [J]. Harvard business review, 1998,76:53 - 67.

[191] Sweeney J C, Soutar G N. Consumer perceived value: The development of a multiple item scale [J]. Journal of retailing, 2001,77(2):203 - 220.

[192] Martı L, Herrera F. An overview on the 2 - tuple linguistic model for computing with words in decision making: extensions, applications and challenges [J]. Inf Sci, 2012, 207:1 - 18.

[193] Herrera F, Martínez L. A 2 - tuple fuzzy linguistic representation model for computing with words [J]. Fuzzy Systems, IEEE Transactions on, 2000,8(6):746 - 752.

[194] Kano N, Seraku N, Takahashi F, et al. Attractive quality and must-be quality [J]. The Journal of the Japanese Society for Quality Control, 1984,14(2):39 - 48.

[195] Wang Y M, Luo Y. Integration of correlations with standard deviations for determining attribute weights in multiple attribute decision making [J]. Mathematical and Computer Modelling, 2010,51(1):1 - 12.

[196] Wang Y. Using the method of maximizing deviations to make decision for multi-indices [J]. System Engineering and Electronics, 1998,7:24 - 26.

[197] Li Y L, Tang J F, Luo X G. An ECI-based methodology for determining the final importance ratings of customer requirements in MP product improvement [J]. Expert Systems with Applications, 2010,37(9):6240 - 6250.

[198] Wang Y M, Elhag T, Hua Z. A modified fuzzy logarithmic least squares method for fuzzy analytic hierarchy process [J]. Fuzzy Sets and Systems, 2006,157(23):3055 - 3071.

[199] Xu Q, Jiao R J, Yang X, et al. An analytical Kano model for customer need analysis [J]. Design studies, 2009,30(1):87 - 110.

[200] Yuan X, Dai X, Zhao J, et al. On a novel multi-swarm fruit fly optimization algorithm and its application [J]. Applied Mathematics and Computation, 2014,233: 260 - 271.

[201] Florez-Lopez R, Ramon-Jeronimo J M. Managing logistics customer service under uncertainty: An integrative fuzzy Kano framework [J]. Inf Sci, 2012, 202:41 – 57.

[202] Blickle T, Thiele L. A comparison of selection schemes used in genetic algorithms [M]. TIK-Report, 1995.

[203] Atanassov K, Gargov G. Interval valued intuitionistic fuzzy sets [J]. Fuzzy sets and systems, 1989, 31(3):343 – 349.

[204] Xu Z. Intuitionistic fuzzy aggregation operators [J]. Fuzzy Systems, IEEE Transactions on, 2007, 15(6):1179 – 1187.

[205] Meng F, Tang J. Interval-valued intuitionistic fuzzy multiattribute group decision making based on cross entropy measure and choquet integral [J]. International Journal of Intelligent Systems, 2013, 28(12):1172 – 1195.

[206] Xu Z, Chen J, Wu J. Clustering algorithm for intuitionistic fuzzy sets [J]. Inf Sci, 2008, 178(19):3775 – 3790.

[207] Zhang Q S, Jiang S, Jia B, et al. Some information measures for interval-valued intuitionistic fuzzy sets [J]. Inf Sci, 2010, 180(24):5130 – 5145.

[208] Liu Y-K, Liu B. Expected value operator of random fuzzy variable and random fuzzy expected value models [J]. International Journal of Uncertainty, Fuzziness and Knowledge-Based Systems, 2003, 11(2):195 – 215.

[209] Deb K, Pratap A, Agarwal S, et al. A fast and elitist multiobjective genetic algorithm: NSGA-II [J]. Evolutionary Computation, IEEE Transactions on, 2002, 6(2):182 – 197.

[210] 江俊杰,王丽亚.基于遗传算法的多技能需求现场产品服务调度[J].计算机工程, 2012, 38(18):174 – 177.

[211] Carter A E, Ragsdale C T. A new approach to solving the multiple traveling salesperson problem using genetic algorithms [J]. European Journal of Operational Research, 2006, 175(1):246 – 257.

[212] Liu B, Liu Y-K. Expected value of fuzzy variable and fuzzy expected value models [J]. Fuzzy Systems, IEEE Transactions on, 2002, 10(4):445 – 450.

[213] Verma S, Pant M, Snasel V. A comprehensive review on NSGA-II for multi-objective combinatorial optimization problems [J]. Ieee Access, 2021, 9: 57757 – 57791.

[214] Tordecilla R D, Juan A A, Montoya-Torres J R, et al. Simulation-optimization methods for designing and assessing resilient supply chain networks under uncertainty scenarios: A review [J]. Simulation modelling practice and theory, 2021, 106: 102166.

[215] Seada H, Deb K. Non-dominated sorting based multi/many-objective optimization: Two decades of research and application [J]. Multi-Objective Optimization, 2018:1 – 24.

[216] Zhang H, Wang G G, Dong J, et al. Improved NSGA-III with second-order difference random strategy for dynamic multi-objective optimization [J]. Processes,

2021,9(6):911.

[217] Liu Y, Zhang L, Liu Y, et al. Model maturity-based model service composition in cloud environments [J]. Simulation Modelling Practice and Theory, 2021, 113: 102389.

[218] Eremeev A V. On proportions of fit individuals in population of mutation-based evolutionary algorithm with tournament selection [J]. Evolutionary Computation, 2018,26(2):269 – 297.

致谢

感谢大规模个性化定制系统与技术全国重点实验室、上海交通大学机械与动力工程学院卡奥斯新一代工业智能技术联合研究中心、国际数据空间(IDS)中国研究实验室、上海市推进信息化与工业化融合研究中心、上海市网络化制造与企业信息化重点实验室对本书的资助。

本书得到了国家自然科学基金面上项目(批准号:72371160)、大规模个性化定制系统与技术全国重点实验室开放课题[批准号:H&C-MPC-2023-03-01、H&C-MPC-2023-03-01(Q)]、上海市促进产业高质量发展专项(批准号:212102)的资助。